AF591621

MÉMOIRES

PRÉSENTÉS PAR DIVERS SAVANTS

A L'ACADÉMIE DES SCIENCES

DE L'INSTITUT NATIONAL DE FRANCE.

TOME XXXI. — N° 1.

MÉMOIRE

SUR

UN CAS PARTICULIER DU PROBLÈME DE LA ROTATION D'UN CORPS PESANT

AUTOUR D'UN POINT FIXE,

OÙ L'INTÉGRATION S'EFFECTUE À L'AIDE DE FONCTIONS ULTRAELLIPTIQUES DU TEMPS,

PAR

MME SOPHIE DE KOWALEVSKY.

§ 1.

Le problème de la rotation d'un corps grave autour d'un point fixe peut être ramené, comme on sait, à l'intégration du système d'équations différentielles suivant :

$$(1)\quad \begin{cases} A\frac{dp}{dt}=(B-C)qr+Mg(y_0\gamma''-z_0\gamma'), & \frac{d\gamma}{dt}=\gamma' r-\gamma'' q,\\ B\frac{dq}{dt}=(C-A)rp+Mg(z_0\gamma-x_0\gamma''), & \frac{d\gamma'}{dt}=\gamma'' p-\gamma r,\\ C\frac{dr}{dt}=(A-B)pq+Mg(x_0\gamma'-y_0\gamma), & \frac{d\gamma''}{dt}=\gamma q-\gamma' p. \end{cases}$$

A, B, C désignent les moments d'inertie principaux du mobile;

IMPRIMERIE NATIONALE.

M la masse du mobile;

x_0, y_0, z_0 les coordonnées de son centre de gravité par rapport à un système de coordonnées mobiles, dont l'origine coïncide avec le point fixe;

$\gamma, \gamma', \gamma''$ les cosinus des angles que ces trois axes font à chaque moment avec la direction constante de la force de la pesanteur.

Ce système d'équations différentielles une fois résolu, la détermination des six autres cosinus, dont la connaissance est nécessaire pour pouvoir déterminer à chaque instant donné la position du mobile, se ramène à une simple quadrature.

Le système des intégrales générales des équations (1) n'a été trouvé jusqu'à présent que dans deux cas :

1° Si l'on suppose $x_0 = y_0 = z_0 = 0$, c'est-à-dire que le centre de gravité du mobile coïncide avec le point fixe;

2° Si l'on suppose $A = B$, $x_0 = y_0 = 0$.

Dans ces deux cas toutes les inconnues du problème peuvent être exprimées à l'aide de fonctions uniformes triplement périodiques de deux variables u et v de la forme $\frac{\vartheta(u+a)}{\vartheta(u)} e^{cv}$, dont les arguments u et v sont des fonctions linéaires du temps. Ces fonctions ont la propriété de n'avoir qu'un seul point singulier essentiel à l'infini, tandis que, pour tout domaine fini de la variable indépendante t, elles n'ont que des pôles.

On peut se demander si cette dernière propriété subsiste pour les intégrales des équations différentielles (1) dans le cas général. Si tel était le cas, on devrait pouvoir intégrer ces équations (1) au moyen de séries de la forme

$$(2)\quad \begin{cases} p = (t-t_0)^{-m_1}[p_0+p_1(t-t_0)+\ldots+p_m(t-t_0)^m+\ldots], \\ q = (t-t_0)^{-m_2}[q_0+q_1(t-t_0)+\ldots+q_m(t-t_0)^m+\ldots], \\ r = (t-t_0)^{-m_3}[r_0+r_1(t-t_0)+\ldots+r_m(t-t_0)^m+\ldots], \\ \gamma = (t-t_0)^{-n_1}[g_0+g_1(t-t_0)+\ldots+g_m(t-t_0)^m+\ldots], \\ \gamma' = (t-t_0)^{-n_2}[f_0+f_1(t-t_0)+\ldots+f_m(t-t_0)^m+\ldots], \\ \gamma'' = (t-t_0)^{-n_3}[h_0+h_1(t-t_0)+\ldots+h_m(t-t_0)^m+\ldots], \end{cases}$$

où $m_1, m_2, m_3, n_1, n_2, n_3$ désignent des nombres entiers positifs.

Ces séries devraient être convergentes dans un certain domaine de la variable t, et, pour pouvoir représenter le système d'intégrales générales des équations (1), elles devraient contenir cinq constantes arbitraires.

Il faut donc commencer par examiner s'il est possible de déterminer les coefficients dans les séries (2) de manière qu'elles satisfassent formellement aux équations différentielles (1) et que cinq de ces coefficients restent arbitraires.

On reconnaît immédiatement qu'afin que les premiers termes du premier et du second membre des équations (1) soient à la même puissance, il faut poser

$$m_1 = m_2 = m_3 = 1,$$
$$n_1 = n_2 = n_3 = 2.$$

On trouve ensuite, en égalant les coefficients du premier terme dans les deux membres de chacune de ces équations et en posant, pour abréger,

$$c_1 = \mathrm{M}g x_0,$$
$$c_2 = \mathrm{M}g y_0,$$
$$c_3 = \mathrm{M}g z_0,$$
$$\mathrm{A}_1 = \mathrm{B} - \mathrm{C},$$
$$\mathrm{B}_1 = \mathrm{C} - \mathrm{A},$$
$$\mathrm{C}_1 = \mathrm{A} - \mathrm{B},$$

les six relations suivantes

$$(3)\quad \begin{cases} -\mathrm{A}p_0 = \mathrm{A}_1 q_0 r_0 + c_2 h_0 - c_3 f_0, & -2g_0 = r_0 f_0 - q_0 h_0, \\ -\mathrm{B}q_0 = \mathrm{B}_1 r_0 p_0 + c_3 g_0 - c_1 h_0, & -2f_0 = p_0 h_0 - r_0 g_0, \\ -\mathrm{C}r_0 = \mathrm{C}_1 p_0 q_0 + c_1 f_0 - c_2 g_0, & -2h_0 = q_0 g_0 - p_0 f_0. \end{cases}$$

Ensuite, en égalant de même les coefficients du terme en t^{m-2}

dans les deux membres des trois premières des équations différentielles (1), et les coefficients du terme en t^{m-3} dans les trois dernières de ces équations, on trouve les équations suivantes

$$(4)\quad \left\{\begin{array}{llllll} (m-1)\mathrm{A}p_m & -\mathrm{A}_1 r_0 q_m & -\mathrm{A}_1 q_0 r_m & & +c_3 f_m & -c_2 h_m = \mathrm{U}_1, \\ -\mathrm{B}_1 r_0 p_m & +(m-1)\mathrm{B}q_m & -\mathrm{B}_1 p_0 r_m & -c_3 g_m & & +c_1 h_m = \mathrm{U}_2, \\ -\mathrm{C}_1 q_0 p_m & -\mathrm{C}_1 p_0 q_m & +(m-1)\mathrm{C}r_m & +c_2 g_m & -c_1 f_m & = \mathrm{U}_3, \\ & h_0 q_m & -f_0 r_m & +(m-2) g_m & -r_0 f_m & +q_0 h_m = \mathrm{U}_4, \\ h_0 p_m & & +g_0 r_m & +r_0 g_m & +(m-2) f_m & -p_0 h_m = \mathrm{U}_5, \\ f_0 p_m & -g_0 q_m & +(m-2) r_m & -q_0 g_m & +p_0 f_m & +(m-2) h_m = \mathrm{U}_6, \end{array}\right.$$

$\mathrm{U}_1, \ldots, \mathrm{U}_6$ désignant des fonctions entières de $\mathrm{A}, \mathrm{B}, \mathrm{C}, c_0, c_1, c_2$ et des coefficients $p_\mu, q_\mu, r_\mu, g_\mu, f_\mu, h_\mu$, dans lesquelles l'indice μ est plus petit que m.

Les équations (3) sont en général, c'est-à-dire à moins de relations spéciales entre les six quantités $\mathrm{A}, \mathrm{B}, \mathrm{C}, c_0, c_1, c_2$, indépendantes les unes des autres, et ne peuvent par conséquent être satisfaites que par un nombre fini de systèmes des six quantités $p_0, q_0, r_0, g_0, f_0, h_0$.

Les équations (4), linéaires en $p_m, q_m, r_m, g_m, f_m, h_m$, ne peuvent être satisfaites que par un seul système de valeurs, à moins que le déterminant du système (4) ne soit égal à o. Si ce déterminant ne s'annulait pour aucune valeur entière positive de m, tous les coefficients dans les séries (2), satisfaisant formellement aux équations différentielles (1), seraient donc parfaitement déterminés. La première condition nécessaire pour que les équations différentielles (1) puissent s'intégrer par des séries de la forme (2), contenant cinq coefficients arbitraires, est donc que l'équation du 6e degré en m que l'on obtient en égalant le déterminant du système (4) à zéro ait cinq de ses racines égales à des nombres entiers positifs.

C'est ce qui a lieu, en effet, dans les deux cas où l'on sait intégrer le système d'équations différentielles (1).

Ainsi, si l'on pose, par exemple, $A = B$, $x_0 = y_0 = 0$, on a $c_1 = c_2 = C_1 = 0$; les équations (3) se réduisent à

$$(3a)\quad \begin{cases} -Ap_0 + c_3 f_0 = 0, & 2g_0 = q_0 h_0, \\ -Aq_0 - c_3 g_0 = 0, & 2f_0 = -p_0 h_0, \\ r_0 = 0, & 2h_0 = p_0 f_0 - q_0 g_0; \end{cases}$$

et les équations (4) se réduisent à

$$(4a)\quad \begin{cases} (m-1)Ap_m - f_m = U_1, & (m-2)g_m + q_0 h_m + h_0 q_m = U_4, \\ (m-1)Aq_m - g_m = U_2, & (m-2)f_m - p_0 h_m - h_0 p_m = U_5, \\ (m-1)r_m = 0, & (m-2)h_m - q_0 g_m + p_0 f_m - g_0 q_m + f_0 p_m = U_6. \end{cases}$$

Les équations (3a) sont satisfaites de la manière la plus générale en posant

$$c_3 g_0 = -Aq_0,$$
$$c_3 f_0 = +Ap_0,$$
$$c_3 h_0 = -2A,$$
$$r_0 = 0,$$
$$p_0^2 + q_0^2 = -4.$$

L'une des deux quantités p_0, q_0 reste, dans ce cas, indéterminée.

En portant dans les équations (4a) ces valeurs de p_0, q_0, r_0, g_0, f_0, h_0, on trouve facilement que le déterminant du système (4a) est égal à

$$A^2(m+1)m(m-1)(m-2)(m-3)(m-4).$$

La condition nécessaire pour que l'on puisse intégrer les équations différentielles (1) par des séries de la forme (2), contenant cinq coefficients arbitraires, est donc en effet remplie dans ce cas. Mais ceci n'a plus lieu dans le cas général, c'est-à-dire si l'on suppose A, B, C, x_0, y_0, z_0 indépendants les uns des autres. On trouve alors que l'équation du 6e degré que l'on obtient en égalant le déterminant du système (4) à zéro n'a que trois de ses racines égales à des nombres entiers positifs, tandis que les trois autres sont des fonctions algébriques de A, B, C, x_0, y_0, z_0.

En cherchant les relations qui doivent subsister entre les constantes du problème A, B, C, c_1, c_2, c_3 pour que les équations différentielles proposées puissent être satisfaites formellement par des séries de la forme (2) contenant le nombre nécessaire de coefficients arbitraires, j'ai trouvé que ceci avait lieu dans le cas où l'on a

$$A = B = 2C, \qquad c_3 = 0.$$

Je vais étudier ce cas plus en détail.

§ 2.

Le système d'équations différentielles (1) du paragraphe précédent admet trois intégrales algébriques

$$\begin{aligned} &Ap^2 + Bq^2 + Cr^2 = 2Mg(x_0\gamma + y_0\gamma' + z_0\gamma'') + 6l_1, \\ &Ap\gamma + Bq\gamma' + Cr\gamma'' = 2l, \\ &\gamma^2 + \gamma'^2 + \gamma''^2 = 1, \end{aligned}$$

l_1 et l désignant des constantes arbitraires.

Dans le cas que je considère, on a

$$A = B = 2C, \qquad z_0 = 0.$$

Par une rotation des axes de coordonnées dans le plan des xy et par un choix convenable de l'unité de longueur, on peut toujours faire en sorte que l'on ait aussi dans ce cas

$$y_0 = 0, \qquad C = 1.$$

Si je pose alors

$$c_0 = Mgx_0,$$

les équations différentielles que nous avons à considérer sont les suivantes :

$$(1)\quad \begin{cases} 2\dfrac{dp}{dt} = qr, & \dfrac{d\gamma}{dt} = r\gamma' - q\gamma'', \\ 2\dfrac{dq}{dt} = -pr - c_0\gamma'', & \dfrac{d\gamma'}{dt} = p\gamma'' - r\gamma, \\ \dfrac{dk}{dt} = c_0\gamma'. & \dfrac{d\gamma''}{dt} = q\gamma - p\gamma'. \end{cases}$$

Les trois relations algébriques entre les intégrales de ce système d'équations différentielles sont, dans ce cas,

$$(2)\quad \begin{cases} 2(p^2+q^2) + k^2 = 2c_0\gamma + 6l_1, \\ 2(p\gamma + q\gamma') + r\gamma'' = 2l, \\ \gamma^2 + \gamma'^2 + \gamma''^2 = 1. \end{cases}$$

On s'assure facilement que, dans le cas présent, les intégrales doivent satisfaire encore à une quatrième équation algébrique.

En effet, en posant $i = \sqrt{-1}$, on a

$$2\frac{d}{dt}(p+qi) = -ri(p+qi) - c_0 i\gamma'',$$

$$\frac{d}{dt}(\gamma + \gamma' i) = -ri(\gamma + \gamma' i) + \gamma'' i(p+qi).$$

Par conséquent

$$\frac{d}{dt}[(p+qi)^2 + c_0(\gamma + \gamma' i)] = -ri[(p+qi)^2 + c_0(\gamma + \gamma' i)],$$

et de même

$$\frac{d}{dt}[(p-qi)^2 + c_0(\gamma - \gamma' i)] = ri[(p-qi)^2 + c_0(\gamma - \gamma' i)];$$

d'où il suit

$$\frac{d}{dt}\log[(p+qi)^2+c_0(\gamma+\gamma' i)]+\frac{d}{dt}\log[(p-qi)^2+c_0(\gamma-\gamma' i)]=0,$$

et, en intégrant,

$$(3)\qquad [(p+qi)^2+c_0(\gamma+\gamma' i)][(p-qi)^2+c_0(\gamma-\gamma' i)]=k^2,$$

en désignant par k une constante réelle arbitraire.

Posons

$$x_1=p+qi,\quad y_1=\gamma+\gamma' i,\quad \xi_1=(p+qi)^2+c_0(\gamma+\gamma' i),$$
$$x_2=p-qi,\quad y_2=\gamma-\gamma' i,\quad \xi_2=(p-qi)^2+c_0(\gamma-\gamma' i).$$

L'équation (3) s'écrit alors

$$\xi_1\xi_2=k^2.$$

Des équations (2) on tire les valeurs de $r^2, r\gamma'', \gamma''^2$, exprimées en x_1, x_2, ξ_1, ξ_2 :

$$(4)\qquad \begin{cases} r^2=6l_1-(x_1+x_2)^2+\xi_1+\xi_2, \\ c_0 r\gamma''=2lc_0+x_1x_2(x_1+x_2)-x_2\xi_1-x_1\xi_2, \\ c_0^2\gamma''^2=c_0^2-k^2-x_1^2x_2^2+x_2^2\xi_1+x_1^2\xi_2, \end{cases}$$

ou bien, en posant

$$\mathcal{A}=6l_1-(x_1+x_2)^2,$$
$$\mathcal{B}=2lc_0+x_1x_2(x_1+x_2),$$
$$\mathcal{C}=c_0^2-k^2-x_1^2x_2^2,$$

$$(4a)\qquad \begin{cases} r^2=\mathcal{A}+\xi_1+\xi_2, \\ c_0 r\gamma''=\mathcal{B}-x_2\xi_1-x_1\xi_2, \\ c_0^2\gamma''^2=\mathcal{C}+x_2^2\xi_1+x_1^2\xi_2. \end{cases}$$

Les quatre quantités x_1, x_2, ξ_1, ξ_2 sont donc liées entre elles par les équations algébriques suivantes :

$$
(5) \quad \left\{
\begin{aligned}
& \xi_1 \xi_2 = k^2, \\
& (\mathcal{A} + \xi_1 + \xi_2)(\mathcal{C} + x_2^2 \xi_1 + x_1^2 \xi_2) = (\mathcal{B} - x_2 \xi_1 - x_1 \xi_2)^2.
\end{aligned}
\right.
$$

Posons

$$
\begin{aligned}
\mathrm{R}(x_1) &= \mathcal{A} x_1^2 + 2\mathcal{B} x_1 + \mathcal{C} = -x_1^4 + 6 l_1 x_1^2 + 4 l c_0 x_1 + c_0^2 - k^2, \\
\mathrm{R}(x_2) &= \mathcal{A} x_2^2 + 2\mathcal{B} x_2 + \mathcal{C} = -x_2^4 + 6 l_1 x_2^2 + 4 l c_0 x_2 + c_0^2 - k^2, \\
\mathrm{R}_1(x_1, x_2) &= \mathcal{A}\mathcal{B} - \mathcal{C}^2 = -6 l_1 x_1^2 x_2^2 - (c_0^2 - k^2)(x_1 + x_2)^2 \\
&\qquad - 4 l c_0 x_1 x_2 (x_1 + x_2) + 6 l_1 (c_0^2 - k^2) - 4 l^2 c_0^2.
\end{aligned}
$$

Les équations (5), développées, deviennent alors

$$
(5a) \quad \left\{
\begin{aligned}
& k^2 = \xi_1 \xi_2, \\
& 0 = \mathrm{R}(x_2)\,\xi_1 + \mathrm{R}(x_1)\,\xi_2 + \mathrm{R}_1(x_1, x_2) + k^2 (x_1 - x_2)^2.
\end{aligned}
\right.
$$

Posons de plus

$$
\begin{aligned}
\mathrm{R}(x_1, x_2) &= \mathcal{A} x_1 x_2 + \mathcal{B}(x_1 + x_2) + \mathcal{C} \\
&= -x_1^2 x_2^2 + 6 l_1 x_1 x_2 + 2 l c_0 (x_1 + x_2) + c_0^2 k^2;
\end{aligned}
$$

on a alors l'équation identique

$$
(6) \qquad \mathrm{R}(x_1)\,\mathrm{R}(x_2) - [\mathrm{R}(x_1, x_2)]^2 = (x_1 - x_2)^2\,\mathrm{R}_1(x_1, x_2).
$$

Posons

$$
\begin{aligned}
\mathrm{W}^2 &= [\mathrm{R}_1(x_1, x_2) + k^2 (x_1 - x_2)^2]^2 - 4k^2\,\mathrm{R}(x_1)\,\mathrm{R}(x_2) \\
&= [\mathrm{R}_1(x_1, x_2) + k^2 (x_1 - x_2)^2]^2 \\
&\qquad - 4k^2 \{[\mathrm{R}(x_1, x_2)]^2 + (x_1 - x_2)^2\,\mathrm{R}_1(x_1, x_2)\} \\
&= [\mathrm{R}_1(x_1, x_2) - k^2 (x_1 - x_2)^2]^2 - 4k^2 [\mathrm{R}(x_1, x_2)]^2 \\
&= [\mathrm{R}_1(x_1, x_2) - k^2 (x_1 - x_2)^2 + 2k\,\mathrm{R}(x_1, x_2)] \\
&\qquad \times [\mathrm{R}_1(x_1, x_2) - k^2 (x_1 - x_2)^2 - 2k\,\mathrm{R}(x_1, x_2)],
\end{aligned}
$$

IMPRIMERIE NATIONALE

vu que, d'après l'identité (6), on a

$$
\begin{aligned}
k^2(x_1-x_2)^2 &+ 2kR(x_1,x_2) - R_1(x_1,x_2)\\
&= \frac{1}{(x_1-x_2)^2}\big[k^2(x_1-x_2)^4 + 2k(x_1-x_2)^2R(x_1,x_2) + R(x_1,x_2)\\
&\qquad\qquad\qquad\qquad - 4kR(x_1)R(x_2)\big]\\
&= \frac{1}{(x_1-x_2)^2}\big\{[k(x_1-x_2)^2 + R(x_1,x_2)]^2 - R(x_1)R(x_2)\big\}\\
&= (x_1-x_2)^2\left(\frac{R(x_1,x_2)-\sqrt{R(x_1)}\sqrt{R(x_2)}}{(x_1-x_2)^2}+k\right)\left(\frac{R(x_1,x_2)+\sqrt{R(x_1)}\sqrt{R(x_2)}}{(x_1-x_2)^2}-k\right)
\end{aligned}
$$

et de même

$$
\begin{aligned}
k^2(x_1-x_2)^2 &- 2kR(x_1,x_2) - [R_1(x_1,x_2)]^2\\
&= (x_1-x_2)^2\left(\frac{R(x_1,x_2)-\sqrt{R(x_1)}\sqrt{R(x_2)}}{(x_1-x_2)^2}-k\right)\left(\frac{R(x_1,x_2)+\sqrt{R(x_1)}\sqrt{R(x_2)}}{(x_1-x_2)^2}-k\right).
\end{aligned}
$$

On peut écrire

$$
(7)\quad \left\{
\begin{aligned}
W^2 = (x_1-x_2)^4 &\left(\frac{R(x_1,x_2)-\sqrt{R(x_1)}\sqrt{R(x_2)}}{(x_1-x_2)^2}+k\right)\\
\times &\left(\frac{R(x_1,x_2)-\sqrt{R(x_1)}\sqrt{R(x_2)}}{(x_1-x_2)^2}-k\right)\\
\times &\left(\frac{R(x_1,x_2)+\sqrt{R(x_1)}\sqrt{R(x_2)}}{(x_1-x_2)^2}+k\right)\\
\times &\left(\frac{R(x_1,x_2)+\sqrt{R(x_1)}\sqrt{R(x_2)}}{(x_1-x_2)^2}-k\right),
\end{aligned}
\right.
$$

et l'on a alors

$$
(8)\quad \left\{
\begin{aligned}
\xi_1 &= -\frac{R_1(x_1,x_2)+k^2(x_1-x_2)^2+W}{2R(x_2)},\\
\xi_2 &= -\frac{R_1(x_1,x_2)+k^2(x_1-x_2)^2-W}{2R(x_1)}.
\end{aligned}
\right.
$$

Au lieu des deux variables x_1 et x_2 introduisons maintenant deux variables nouvelles, s_1 et s_2, définies par les équations

$$(9)\quad \left\{ \begin{aligned} s_1 &= \frac{R(x_1, x_2) + \sqrt{R(x_1)}\sqrt{R(x_2)}}{2(x_1 - x_2)^2} + \frac{1}{2} l_1, \\ s_2 &= \frac{R(x_1, x_2) - \sqrt{R(x_1)}\sqrt{R(x_2)}}{2(x_1 - x_2)^2} + \frac{1}{2} l_1; \end{aligned} \right.$$

s_1 et s_2 sont, comme on le voit, les deux racines de l'équation algébrique du second degré

$$(x_1 - x_2)^2 \left(s - \frac{1}{2} l_1\right)^2 - R(x_1, x_2)\left(s - \frac{1}{2} l_1\right) - R_1(x_1, x_2) = 0.$$

On a alors

$$W^2 = 16(x_1 - x_2)^4 \left(s_1 - \frac{l_1 + k}{2}\right)\left(s_2 - \frac{l_1 + k}{2}\right)\left(s_1 - \frac{l_1 - k}{2}\right)\left(s_2 - \frac{l_1 - k}{2}\right),$$

ou bien, en posant

$$k_1 = \frac{l_1 + k}{2}, \qquad k_2 = \frac{l_1 - k}{2},$$

on a

$$W^2 = 16(x_1 - x_2)^4 (s_1 - k_1)(s_2 - k_1)(s_1 - k_2)(s_2 - k_2);$$

d'où il suit

$$(11)\quad \left\{ \begin{aligned} \xi_1 &= \frac{(x_1 - x_2)^2}{R(x_2)} \left\{ \left[\sqrt{(s_1 - k_1)(s_2 - k_1)} + \sqrt{(s_1 - k_2)(s_2 - k_2)}\right]^2 - k^2 \right\}, \\ \xi_2 &= \frac{(x_1 - x_2)^2}{R(x_1)} \left\{ \left[\sqrt{(s_1 - k_1)(s_2 - k_1)} - \sqrt{(s_1 - k_2)(s_2 - k_2)}\right]^2 - k^2 \right\}. \end{aligned} \right.$$

Établissons maintenant les équations différentielles qui définissent ces deux variables nouvelles s_1 et s_2 en fonction du temps.

En posant

$$\begin{aligned} g_2 &= k^2 - c_0^2 + 3 l_1^2, \\ g_3 &= l_1 (k^2 - c_0^2 - l_1^2) + l^2 c_0^2, \\ S_1 &= 4 s_1^3 - g_2 s_1 - g_3, \\ S_2 &= 4 s_2^3 - g_2 s_2 - g_3, \end{aligned}$$

on trouve

$$(12)\quad \begin{cases} \sqrt{S_1} = \dfrac{R(x_1) - \frac{1}{4}(x_1 - x_2)R'(x_1)}{(x_1 - x_2)^2}\sqrt{R(x_2)} - \dfrac{R(x_2) + \frac{1}{4}(x_1 - x_2)R'(x_2)}{(x_1 - x_2)^2}\sqrt{R(x_1)}, \\ \sqrt{S_2} = \dfrac{R(x_1) - \frac{1}{4}(x_1 - x_2)R'(x_1)}{(x_1 - x_2)^2}\sqrt{R(x_2)} + \dfrac{R(x_2) + \frac{1}{4}(x_1 - x_2)R'(x_2)}{(x_1 - x_2)^2}\sqrt{R(x_1)}. \end{cases}$$

$$(13)\quad \begin{cases} \dfrac{ds_1}{\sqrt{S_1}} = -\dfrac{dx_1}{\sqrt{R(x_1)}} + \dfrac{dx_2}{\sqrt{R(x_2)}}, \\ \dfrac{ds_2}{\sqrt{S_2}} = +\dfrac{dx_1}{\sqrt{R(x_1)}} + \dfrac{dx_2}{\sqrt{R(x_2)}}. \end{cases}$$

$$(14)\quad \begin{cases} 2i\dfrac{dx_1}{dt} = rx_1 + c_0\gamma'', \\ -2i\dfrac{dx_2}{dt} = rx_2 + c_0\gamma''. \end{cases}$$

Par conséquent

$$-4\left(\frac{dx_1}{dt}\right)^2 = r^2x^2 + 2rc_0\gamma''x + c_0^2\gamma''^2,$$

ou bien, en écrivant pour r^2, $2rc_0\gamma''$, $c_0^2\gamma''^2$ leurs valeurs définies par les équations $(4a)$,

$$\begin{aligned} -4\left(\frac{dx_1}{dt}\right)^2 &= x_1^2(\mathfrak{A} + \xi_1 + \xi_2) + 2x_1(\mathfrak{B} - x_2\xi_1 - x_1\xi_2) + \mathfrak{C} + x_2^2\xi_1 + x_1^2\xi_2 \\ &= R(x_1) + (x_1 - x_2)^2\xi_1. \end{aligned}$$

De la même manière on trouve

$$-4\left(\frac{dx_2}{dt}\right)^2 = R(x_2) + (x_1 - x_2)^2\xi_2$$

et

$$\begin{aligned} 4\frac{dx_1}{dt}\frac{dx_2}{dt} &= r^2x_1x_2 + rc_0\gamma''(x_1 + x_2) + c_0^2\gamma''^2 \\ &= x_1x_2(\mathfrak{A} + \xi_1 + \xi_2) + (x_1 + x_2)(\mathfrak{B} - x_2\xi_1 - x_1\xi_2) \\ &\qquad + \mathfrak{C} + x_2^2\xi_1 + x_1^2\xi_2 \\ &= R(x_1, x_2). \end{aligned}$$

En élevant au carré les deux membres de la première des équations (13), on trouve

$$-\frac{4}{S_1}\left(\frac{ds_1}{dt}\right)^2 = -\frac{4}{R(x_1)}\left(\frac{dx_1}{dt}\right)^2 - \frac{4}{R(x_2)}\left(\frac{dx_2}{dt}\right)^2 + \frac{8}{\sqrt{R(x_1)}\sqrt{R(x_2)}}\frac{dx_1}{dt}\frac{dx_2}{dt}$$

$$= 2 + (x_1 - x_2)\left(\frac{\xi_1}{R(x_1)} + \frac{\xi_2}{R(x_2)}\right) + 2\frac{R(x_1, x_2)}{\sqrt{R(x_1)}\sqrt{R(x_2)}},$$

ou bien, par suite de l'équation (5a),

$$-\frac{1}{S_1}\left(\frac{ds_1}{dt}\right)^2 = 2 - \frac{(x_1 - x_2)^2}{R(x_1)R(x_2)}\left[R_1(x_1, x_2) + k^2(x_1 - x_2)^2\right] + \frac{2R(x_1, x_2)}{\sqrt{R(x_1)}\sqrt{R(x_2)}}$$

$$= \frac{R(x_1)R(x_2) + [R(x_1, x_2)]^2 + 2R(x_1, x_2)\sqrt{R(x_1)}\sqrt{R(x_2)} - k^2(x_1 - x_2)^4}{R(x_1)R(x_2)}$$

$$= \frac{(x_1 - x_2)^4}{R(x_1)R(x_2)}\left[\frac{[R(x_1, x_2) + \sqrt{R(x_1)}\sqrt{R(x_2)}]^2}{(x_1 - x_2)^4} - k^2\right]$$

$$= \frac{4(x_1 - x_2)^4}{R(x_1)R(x_2)}\left(\frac{R(x_1, x_2) + \sqrt{R(x_1)}\sqrt{R(x_2)}}{2(x_1 - x_2)^2} - \frac{1}{2}k\right)$$

$$\times\left(\frac{R(x_1, x_2) + \sqrt{R(x_1)}\sqrt{R(x_2)}}{2(x_1 - x_2)^2} + \frac{1}{2}k\right)$$

$$= \frac{4(x_1 - x_2)^4}{R(x_1)R(x_2)}(s_1 - k_1)(s_1 - k_2).$$

Mais on a

$$s_1 - s_2 = \frac{\sqrt{R(x_1)}\sqrt{R(x_2)}}{(x_1 - x_2)^2};$$

par conséquent

$$-\frac{1}{S_1}\left(\frac{ds_1}{dt}\right)^2 = \frac{(s_1 - k_1)(s_1 - k_2)}{(s_1 - s_2)^2}.$$

Posons

$$R_1(s) = -S(s - k_1)(s - k_2)$$
$$= -4(s - e_1)(s - e_2)(s - e_3)(s - k_1)(s - k_2);$$

on a alors

$$\frac{ds_1}{\sqrt{R_1(s_1)}} = \frac{dt}{s_1 - s_2}.$$

On trouve tout à fait de la même manière

$$\frac{ds_2}{\sqrt{R_1(s_2)}} = \frac{dt}{s_2 - s}.$$

D'où il suit

$$(15) \quad \left\{ \begin{aligned} 0 &= \frac{ds_1}{\sqrt{R_1(s_1)}} + \frac{ds_2}{\sqrt{R_1(s_2)}}, \\ dt &= \frac{s_1\,ds_1}{\sqrt{R_1(s_1)}} + \frac{s_2\,ds_2}{\sqrt{R_1(s_2)}}. \end{aligned} \right.$$

$R_1(s)$ étant un polynôme du 5e degré et les cinq racines de l'équation $R_1(s) = 0$ étant toutes différentes entre elles, les équations différentielles (15) nous conduisent aux fonctions ultraelliptiques, ou, autrement dit, aux fonctions de M. Rosenhain. Les deux variables s_1 et s_2 sont les racines d'une équation algébrique du second degré, dont les coefficients sont des fonctions uniformes du temps. Toute fonction rationnelle et symétrique de s_1, s_2 est une pareille fonction.

Pour trouver les expressions des six quantités $p, q, r, \gamma, \gamma', \gamma''$ à l'aide des deux quantités s_1 et s_2, je vais me servir de formules que j'emprunte à un cours inédit de M. Weierstrass sur les fonctions elliptiques et dont une partie se trouvent aussi développées dans le *Traité des fonctions elliptiques*, etc., de M. Halphen et dans les *Formeln und Lehrsätze*, etc., de M. Schwarz.

§ 3.

Soit

$$R(x) = Ax^4 + 4Bx^3 + 6Cx^2 + 4B'x + A'$$

un polynôme du quatrième degré de la variable x. Les coefficients A, B, C, B', A' sont des constantes assujetties à la condition que $R(x)$ n'ait point de diviseur quadratique.

Soit u une seconde variable, liée à x par l'équation différentielle

$$(1) \qquad du = \frac{dx}{\sqrt{R(x)}}.$$

La relation la plus générale entre u et x peut être exprimée de la manière suivante.

Posons

$$(2) \qquad \begin{cases} g_2 = AA' - 4BB' + 3C^2, \\ g_3 = ACA' + 2BCB' - AB'^2 - A'B^2 - C^3, \\ D = B^2 - AC, \\ E = A^2B' - 3ABC + 2B^3. \end{cases}$$

On a alors

$$(3) \qquad 4\left(\frac{D}{A}\right)^3 - g_2\frac{D}{A} - g_3 = \frac{E^2}{A^2}.$$

Nous désignerons par $\wp(u)$ la fonction $\wp(u, g_2, g_3)$ et par $\tilde{\wp}(u)$ la fonction $\wp(u, g_2, -g_3)$[1]. En vertu de l'équation précédente, on peut définir un argument w tel que, la valeur $\sqrt{A}$ étant fixée arbitrairement, les deux équations

$$(4) \qquad \wp(w) = \frac{D}{A}, \qquad \wp'(w) = -\frac{E}{A\sqrt{A}}$$

aient lieu simultanément. Posons[2]

$$\varphi_0(u) = -\frac{B}{A} + \frac{1}{2\sqrt{A}}\frac{\wp'(u)+\wp'(w)}{\wp(u)-\wp(w)} = -\frac{B}{A} + \frac{1}{\sqrt{A}}\left[\frac{\sigma'(u-w)}{\sigma(u-w)} - \frac{\sigma'(u)}{\sigma(u)} + \frac{\sigma'(w)}{\sigma(w)}\right].$$

L'expression la plus générale de x en fonction de u est alors

$$x = \varphi_0(u - u_0).$$

[1] Voir *Traité des fonctions elliptiques*, etc., 1re partie, p. 23 et suiv.; *Formeln und Lehrsätze*, etc., p. 10 et suiv.

[2] Voir *Formeln und Lehrsätze*, etc., p. 13.

u_0 désignant une constante arbitraire. (Pour $u=u_0$, on a $x=\infty$ et $\frac{1}{x^2}\frac{dx}{du}=\sqrt{\mathrm{A}}$.) On a

$$\varphi_0(-u+w)=\varphi_0(u), \qquad \varphi_0\left(u+\frac{w}{2}\right)=\varphi_0\left(-u+\frac{w}{2}\right),$$

et, par conséquent, si l'on pose

$$\begin{aligned}\varphi(u,w)=\varphi_0\left(u+\frac{w}{2}\right)&=-\frac{\mathrm{B}}{\mathrm{A}}+\frac{1}{\sqrt{\mathrm{A}}}\left[\frac{\sigma'\left(u-\frac{w}{2}\right)}{\sigma\left(u-\frac{w}{2}\right)}+\frac{\sigma'\left(u+\frac{w}{2}\right)}{\sigma\left(u+\frac{w}{2}\right)}+\frac{\sigma'(w)}{\sigma(w)}\right]\\&=-\frac{\mathrm{B}}{\mathrm{A}}+\frac{1}{\sqrt{\mathrm{A}}}\left[\frac{\wp'\left(\frac{w}{2}\right)}{\wp(u)-\wp\left(\frac{w}{2}\right)}+\frac{1}{2}\frac{\wp''\left(\frac{w}{2}\right)}{\wp'\left(\frac{w}{2}\right)}\right],\end{aligned}$$

$\varphi(u,w)$ est une fonction *paire* de u.

Les équations (4) subsistent sans changement, si l'on ajoute à w une période quelconque de la fonction $\wp(u)$. Si nous désignons par conséquent par $(2\varpi, 2\varpi')$ une paire *quelconque* de périodes primitives de la fonction $\wp(u)$, et si, de toutes les valeurs de w (en nombre infini) qui satisfont aux équations (4), nous en fixons une arbitrairement, les quatre expressions

$$\varphi(u,w), \quad \varphi(u,w+2\varpi), \quad \varphi(u,w+2\varpi+2\varpi'), \quad \varphi(u,w+2\varpi')$$

représentent *quatre fonctions paires, différentes, de* u, qui toutes, mises à la place de x, satisfont à l'équation différentielle (1). En effet, si 2Ω et $2\Omega'$ sont deux périodes quelconques de la fonction $\wp(u)$, il résulte de l'équation (8)

$$\varphi(u,w+2\Omega)=\varphi(u+\Omega,w),$$
$$\varphi(u,w+2\Omega')=\varphi(u+\Omega',w).$$

Pour que l'équation

$$\varphi(u,w+2\Omega)=\varphi(u,w+2\Omega')$$

puisse subsister pour toutes les valeurs de u, il faut donc qu'on ait

$$\wp(u+\Omega, w) = \wp(u+\Omega', w),$$
$$\wp(u+\Omega'-\Omega, w) = \wp(u, w),$$

c'est-à-dire que $\Omega'-\Omega$ doit être une période de la fonction $\wp(u)$, et, par conséquent, eu égard à la dernière des équations (8), $\Omega'-\Omega$ doit être aussi une période de $p(u)$. Si tel n'est pas le cas, les deux fonctions $\wp(u, w+2\Omega)$ et $\wp(u, w+2\Omega')$ ne sont pas identiques. On en conclut donc que les quatre fonctions précitées

$$\wp(u, w), \quad \wp(u, w+2\varpi), \quad \wp(u, w+2\varpi+2\varpi'), \quad \wp(u, w+2\varpi')$$

sont toutes les quatre différentes entre elles.

Mais il n'existe en tout que quatre fonctions *paires* de u qui, mises à la place de x, satisfont à l'équation différentielle (1). Ces quatre fonctions se distinguent par ce fait que, pour $u=0$, chacune d'elles devient égale à l'une des quatre racines de l'équation

$$R(x) = 0.$$

Ces quatre fonctions doivent donc être identiques aux quatre fonctions paires précitées, et, en vertu des équations (6), on peut aussi les écrire de la manière suivante :

$$\wp(u, w), \quad \wp(u+\varpi, w), \quad \wp(u+\varpi+\varpi', w), \quad \wp(u+\varpi', w).$$

Si nous posons

$$a = \wp(0, w),$$
$$a_1 = \wp(\varpi, w) = \wp(0, w+2\varpi),$$
$$a_2 = \wp(\varpi+\varpi', w) = \wp(0, w+2\varpi+2\varpi'),$$
$$a_3 = \wp(\varpi', w) = \wp(0, w+2\varpi').$$

les quatre quantités a, a_1, a_2, a_3 représentent les quatre racines différentes de l'équation $R(x) = 0$, et l'on a

$$a = -\frac{B}{A} + \frac{1}{2\sqrt{A}} \frac{\wp''\left(\frac{w}{2}\right)}{\wp'\left(\frac{w}{2}\right)},$$

$$a_1 = -\frac{B}{A} + \frac{1}{2\sqrt{A}} \frac{\wp''\left(\frac{w}{2}+\varpi\right)}{\wp'\left(\frac{w}{2}+\varpi\right)},$$

$$a_2 = -\frac{B}{A} + \frac{1}{2\sqrt{A}} \frac{\wp''\left(\frac{w}{2}+\varpi+\varpi'\right)}{\wp'\left(\frac{w}{2}+\varpi+\varpi'\right)},$$

$$a_3 = -\frac{B}{A} + \frac{1}{2\sqrt{A}} \frac{\wp''\left(\frac{w}{2}+\varpi'\right)}{\wp'\left(\frac{w}{2}+\varpi'\right)}.$$

En posant

$$\wp(\varpi) = e_1, \qquad \wp(\varpi+\varpi') = e_2, \qquad \wp(\varpi') = e_3,$$

les relations suivantes ont lieu pour toute valeur de l'argument u :

$$\wp\left(\frac{u}{2}\right) = -\frac{(e_2^2 - e_3^2)\,\sigma_1(u) + (e_3^2 - e_1^2)\,\sigma_2(u) + (e_1^2 - e_2^2)\,\sigma_3(u)}{(e_2 - e_3)\,\sigma_1(u) + (e_3 - e_1)\,\sigma_2(u) + (e_1 - e_2)\,\sigma_3(u)},$$

$$\wp'\left(\frac{u}{2}\right) = -\frac{2(e_2 - e_3)(e_3 - e_1)(e_1 - e_2)\,\sigma(u)}{(e_2 - e_3)\,\sigma_1(u) + (e_3 - e_1)\,\sigma_2(u) + (e_1 - e_2)\,\sigma_3(u)},$$

$$\frac{\wp''\left(\frac{u}{2}\right)}{\wp'\left(\frac{u}{2}\right)} = -2\,\frac{(e_2 - e_3)\,\sigma_2(u)\,\sigma_3(u) + (e_3 - e_1)\,\sigma_3(u)\,\sigma_1(u) + (e_1 - e_2)\,\sigma_1(u)\,\sigma_2(u)}{(e_2 - e_3)\,\sigma_1(u) + (e_3 - e_1)\,\sigma_2(u) + (e_1 - e_2)\,\sigma_3(u)}$$

$$= -2\,\frac{\sigma_1(u) + \sigma_2(u) + \sigma_3(u)}{\sigma(u)}.$$

On a de plus

$$\frac{\sigma_1(w)}{\sigma(w)} = \sqrt{\frac{D}{A} - e_1}, \qquad \frac{\sigma_2(w)}{\sigma(w)} = \sqrt{\frac{D}{A} - e_2}, \qquad \frac{\sigma_3(w)}{\sigma(w)} = \sqrt{\frac{D}{A} - e_3};$$

pour chaque valeur de w, les signes correspondants des radicaux dans ces formules sont aussi parfaitement déterminés, et l'on a

$$\sqrt{\frac{D}{A}-e_1}\sqrt{\frac{D}{A}-e_2}\sqrt{\frac{D}{A}-e_3} = -\tfrac{1}{2}\wp'(w) = \frac{E}{2A\sqrt{A}}.$$

En vertu de ces formules, on a donc

$$\wp\left(\frac{w}{2}\right) = \frac{(e_2^2-e_3^2)\sqrt{\frac{D}{A}-e_1}+(e_3^2-e_1^2)\sqrt{\frac{D}{A}-e_2}+(e_1^2-e_2^2)\sqrt{\frac{D}{A}-e_3}}{(e_2-e_3)\sqrt{\frac{D}{A}-e_1}+(e_3-e_1)\sqrt{\frac{D}{A}-e_2}+(e_1-e_2)\sqrt{\frac{D}{A}-e_3}},$$

$$\wp'\left(\frac{w}{2}\right) = \frac{-2(e_2-e_3)(e_3-e_1)(e_1-e_2)}{(e_2-e_3)\sqrt{\frac{D}{A}-e_1}+(e_3-e_1)\sqrt{\frac{D}{A}-e_2}+(e_1-e_2)\sqrt{\frac{D}{A}-e_3}},$$

$$\frac{1}{2\sqrt{A}}\frac{\wp''\left(\frac{w}{2}\right)}{\wp'\left(\frac{w}{2}\right)} = -\frac{1}{\sqrt{A}}\left(\sqrt{\frac{D}{A}-e_1}+\sqrt{\frac{D}{A}-e_2}+\sqrt{\frac{D}{A}-e_3}\right).$$

Par conséquent, la racine a de l'équation $R(x) = 0$, correspondant à la valeur particulière de w que nous avons choisie, est donnée par la formule

$$\begin{aligned} a &= -\frac{1}{\sqrt{A}}\frac{\sigma_1(w)+\sigma_2(w)+\sigma_3(w)}{\sigma(w)} - \frac{B}{A}, \\ &= -\frac{B}{A} - \frac{1}{\sqrt{A}}\left(\sqrt{\frac{D}{A}-e_1}+\sqrt{\frac{D}{A}-e_2}+\sqrt{\frac{D}{A}-e_3}\right). \end{aligned}$$

Si donc on pose

$$\begin{aligned} h_0 &= \frac{\sigma_1(w)+\sigma_2(w)+\sigma_3(w)}{\sigma(w)} \\ &= \sqrt{\frac{D}{A}-e_1}+\sqrt{\frac{D}{A}-e_2}+\sqrt{\frac{D}{A}-e_3}, \\ h_1 &= \frac{(e_2-e_3)\sigma_1(w)+(e_3-e_1)\sigma_2(w)+(e_1-e_2)\sigma_3(w)}{\sigma(w)} \\ &= (e_2-e_3)\sqrt{\frac{D}{A}-e_1}+(e_3-e_1)\sqrt{\frac{D}{A}-e_2}+(e_1-e_2)\sqrt{\frac{D}{A}-e_3}, \\ h_2 &= \frac{(e_2^2-e_3^2)\sigma_1(w)+(e_3^2-e_1^2)\sigma_2(w)+(e_1^2-e_2^2)\sigma_3(w)}{\sigma(w)} \\ &= (e_2^2-e_3^2)\sqrt{\frac{D}{A}-e_1}+(e_3^2-e_1^2)\sqrt{\frac{D}{A}-e_2}+(e_1^2-e_2^2)\sqrt{\frac{D}{A}-e_3}. \end{aligned}$$

on aura

$$u = -\frac{B}{A} - \frac{h_0}{\sqrt{A}},$$

$$\varphi(u, w) = -\frac{B}{A} - \frac{h_0}{\sqrt{A}} - \frac{2}{\sqrt{A}} \frac{(e_2 - e_3)(e_3 - e_1)(e_1 - e_2)}{h_1 \wp(u) + h_2}.$$

En posant

$$\varpi = \omega_1, \qquad \varpi + \varpi' = \omega_2, \qquad \varpi' = \omega_3,$$

et en désignant par λ, μ, ν les nombres 1, 2, 3 dans un ordre quelconque, on a les formules

$$\frac{\sigma_\lambda(u + 2\omega_\lambda)}{\sigma(u + 2\omega_\lambda)} = \frac{\sigma_\lambda(u)}{\sigma(u)}, \qquad \frac{\sigma_\lambda(u + 2\omega_\mu)}{\sigma_\mu(u + 2\omega_\mu)} = -\frac{\sigma_\lambda(u)}{\sigma(u)},$$

$$\frac{\sigma_\lambda(u + 2\omega_\nu)}{\sigma(u + 2\omega_\nu)} = -\frac{\sigma_\lambda(u)}{\sigma(u)}.$$

On obtient donc, en écrivant dans les formules précédentes $w + 2\omega_1$, $w + 2\omega_2$, $w + 2\omega_3$ à la place de w, et en posant

$$h'_0 = \frac{\sigma_1(w) - \sigma_2(w) - \sigma_3(w)}{\sigma(w)},$$

$$h'_1 = \frac{(e_2 - e_3)\sigma_1(w) - (e_3 - e_1)\sigma_2(w) - (e_1 - e_2)\sigma_3(w)}{\sigma(w)},$$

$$h'_2 = \frac{(e_2^2 - e_3^2)\sigma_1(w) - (e_3^2 - e_1^2)\sigma_2(w) - (e_1^2 - e_2^2)\sigma_3(w)}{\sigma(w)},$$

$$h''_0 = \frac{-\sigma_1(w) + \sigma_2(w) - \sigma_3(w)}{\sigma(w)},$$

$$h''_1 = \frac{-(e_2 - e_3)\sigma_1(w) + (e_3 - e_1)\sigma_2(w) - (e_1 - e_2)\sigma_3(w)}{\sigma(w)},$$

$$h''_2 = \frac{-(e_2^2 - e_3^2)\sigma_1(w) + (e_3^2 - e_1^2)\sigma_2(w) - (e_1^2 - e_2^2)\sigma_3(w)}{\sigma(w)},$$

$$h'''_0 = \frac{-\sigma_1(w) - \sigma_2(w) + \sigma_3(w)}{\sigma(w)},$$

$$h'''_1 = \frac{-(e_2 - e_3)\sigma_1(w) - (e_3 - e_1)\sigma_2(w) + (e_1 - e_2)\sigma_3(w)}{\sigma(w)},$$

$$h'''_2 = \frac{-(e_2^2 - e_3^2)\sigma_1(w) - (e_3^2 - e_1^2)\sigma_2(w) + (e_1^2 - e_2^2)\sigma_3(w)}{\sigma(w)},$$

les formules suivantes

$$
\begin{aligned}
a &= -\frac{B}{A} - \frac{h_0}{\sqrt{A}}, & \varphi(u, w) &= a - \frac{2}{\sqrt{A}} \frac{(e_2 - e_3)(e_3 - e_1)(e_1 - e_2)}{h_1 \wp(u) + h_2}, \\
a_1 &= -\frac{B}{A} - \frac{h_0'}{\sqrt{A}}, & \varphi(u + \omega_1, w) &= a_1 - \frac{2}{\sqrt{A}} \frac{(e_2 - e_3)(e_3 - e_1)(e_1 - e_2)}{h_1' \wp(u) + h_2'}, \\
a_2 &= -\frac{B}{A} - \frac{h_0''}{\sqrt{A}}, & \varphi(u + \omega_2, w) &= a_2 - \frac{2}{\sqrt{A}} \frac{(e_2 - e_3)(e_3 - e_1)(e_1 - e_2)}{h_1'' \wp(u) + h_2''}, \\
a_3 &= -\frac{B}{A} - \frac{h_0'''}{\sqrt{A}}, & \varphi(u + \omega_3, w) &= a_3 - \frac{2}{\sqrt{A}} \frac{(e_2 - e_3)(e_3 - e_1)(e_1 - e_2)}{h_1''' \wp(u) + h_2'''}.
\end{aligned}
$$

De cette manière on obtient les quatre fonctions *paires* de u qui satisfont à l'équation différentielle $\frac{dx}{du} = \sqrt{R(x)}$, de même que les racines correspondantes de l'équation $R(x) = 0$, c'est-à-dire les valeurs que chacune de ces fonctions prend pour $u = 0$, exprimées en fonction rationnelle des quantités suivantes :

$$
\frac{B}{A}, \quad \frac{1}{\sqrt{A}}, \quad \frac{\sigma_1(w)}{\sigma(w)} \sqrt{\frac{D}{A} - e_1}, \quad \frac{\sigma_2(w)}{\sigma(w)} \sqrt{\frac{D}{A} - e_2}, \quad \frac{\sigma_3(w)}{\sigma(w)} \sqrt{\frac{D}{A} - e_3}.
$$

Dans le cas où les constantes A, B, C, D, E sont toutes réelles, il y a toujours des valeurs réelles et positives de u qui satisfont à l'équation $\wp'(u) = 0$. Désignons par ω la plus petite de toutes ces valeurs. L'équation $\wp'(u) = 0$ peut être satisfaite de même par des valeurs réelles et positives de u, et nous désignerons par ϖ la plus petite de ces dernières. Il faut à présent distinguer deux cas.

Premier cas. La quantité $g_2^3 - 27 g_3^2$ est *positive*.

Posons dans ce cas

$$
\omega_1 = \omega, \qquad \omega_2 = \omega + \varpi i, \qquad \omega_3 = \varpi i,
$$
$$
\wp(\omega_1) = e_1, \qquad \wp(\omega_2) = e_2, \qquad \wp(\omega_3) = e_3.
$$

Les quantités e_1, e_2, e_3 qui représentent les racines de l'équation

$$
4s^3 - g_2 s - g_3 = 0
$$

sont dans ce cas toutes trois réelles, et l'on a

$$e_1 > e_2 > e_3;$$

$(2\omega_1, 2\omega_2)$ est une paire de périodes primitives de la fonction $\wp(u)$.

Deuxième cas. La quantité $g_2^3 - 27g_3^2$ est *négative.*

Posons dans ce cas

$$\omega_1 = \frac{\omega - \varpi i}{2}, \qquad \omega_2 = \omega, \qquad \omega_3 = \frac{\omega + \varpi i}{2},$$

$$\wp(\omega_1) = e_1, \qquad \wp(\omega_2) = e_2, \qquad \wp(\omega_3) = e_3;$$

$(2\omega_1, 2\omega_3)$ représente dans ce cas une paire de périodes primitives de la fonction $\wp(u)$; mais e_1 et e_3 sont dans ce cas des quantités imaginaires conjuguées, tandis que $e_2 = -(e_1 + e_3)$ est réel. La quantité $\frac{e_1 - e_3}{i}$ est *positive.*

Si nous convenons de donner à $\sqrt{A}$ sa valeur positive, dans le cas où A est positif, et de désigner par cette racine le produit de s par une quantité positive, dans le cas où A est négatif, on peut dans les deux cas déterminer de la manière suivante une valeur de w satisfaisant aux équations

$$\wp(w) = \frac{D}{A}, \qquad \wp'(w) = -\frac{E}{A\sqrt{A}}.$$

Les équations

$$\frac{E^2}{A^3} = \wp'^2(w) = 4\left(\frac{D}{A} - e_1\right)\left(\frac{D}{A} - e_2\right)\left(\frac{D}{A} - e_3\right)$$

nous font voir que, dans le premier cas, si $A > 0$, $\frac{D}{A}$ doit être contenu soit dans l'intervalle $(\infty \cdots e_1)$, soit dans l'intervalle $(e_2 \cdots e_3)$; si $A < 0$, $\frac{D}{A}$ appartiendra soit à l'intervalle $(-\infty \cdots e_3)$, soit à l'intervalle $(e_2 \cdots e_1)$. Dans le deuxième cas, au contraire, $\frac{D}{A}$ doit être contenu dans l'intervalle $(e_2 \cdots \infty)$ ou dans l'intervalle $(-\infty \cdots e_2)$.

En désignant par $(+)$ une quantité positive quelconque, par $(-)$ une quantité négative quelconque, et par ε une quantité réelle satisfaisant aux conditions

$$0 \leqq \varepsilon \leqq 1,$$

on a dans le premier cas

$$(1) \qquad \wp(2\varepsilon\omega) = (\infty \cdots e_1), \qquad \wp'(2\varepsilon\omega) = \begin{cases} (-) & \text{si } \varepsilon < \frac{1}{2}, \\ 0 & \text{si } \varepsilon = \frac{1}{2}, \\ (+) & \text{si } \varepsilon > \frac{1}{2}. \end{cases}$$

$$(2) \qquad \wp(\omega + 2\varepsilon\varpi i) = (e_1 \cdots e_2), \qquad \wp'(\omega + 2\varepsilon\varpi i) = \begin{cases} (+)\,i & \text{si } \varepsilon < \frac{1}{2}, \\ 0 & \text{si } \varepsilon = \frac{1}{2}, \\ (-)\,i & \text{si } \varepsilon > \frac{1}{2}. \end{cases}$$

$$(3) \qquad \wp(2\varepsilon\omega + \varpi i) = (e_3 \cdots e_2), \qquad \wp'(2\varepsilon\omega + \varpi i) = \begin{cases} (+) & \text{si } \varepsilon < \frac{1}{2}, \\ 0 & \text{si } \varepsilon = \frac{1}{2}, \\ (-) & \text{si } \varepsilon > \frac{1}{2}. \end{cases}$$

$$(4) \qquad \wp(2\varepsilon\varpi i) = (-\infty \cdots e_3), \qquad \wp'(2\varepsilon\varpi i) = \begin{cases} (-)\,i & \text{si } \varepsilon < \frac{1}{2}, \\ 0 & \text{si } \varepsilon = \frac{1}{2}, \\ (+)\,i & \text{si } \varepsilon > \frac{1}{2}. \end{cases}$$

Dans chacun de ces quatre cas, si l'on fait croître ε d'une façon continue de 0 à $\frac{1}{2}$, la fonction $\wp(u)$ parcourt tout l'intervalle indiqué, en croissant continuellement dans les cas (2) et (4), en décroissant dans les cas (1) et (3). Si l'on fait varier ensuite ε de $\frac{1}{2}$ à 1, $\wp(u)$ parcourt dans chaque cas le même intervalle qu'auparavant, mais dans un sens contraire. A deux valeurs de ε équidistantes de $\frac{1}{2}$ correspondent les mêmes valeurs de $\wp(u)$, mais des valeurs contraires de $\wp'(u)$.

Dans le deuxième cas on a

$$(5)\qquad \wp(2\varepsilon\omega) = (+\infty \cdots e_2), \qquad \wp'(2\varepsilon\omega) = \begin{cases} (+) & \text{si } \varepsilon < \frac{1}{2}, \\ 0 & \text{si } \varepsilon = \frac{1}{2}, \\ (-) & \text{si } \varepsilon > \frac{1}{2}. \end{cases}$$

$$(6)\qquad \wp(2\varepsilon\varpi i) = (-\infty \cdots e_2), \qquad \wp'(2\varepsilon\varpi i) = \begin{cases} (+) & \text{si } \varepsilon < \frac{1}{2}, \\ 0 & \text{si } \varepsilon = \frac{1}{2}, \\ (-) & \text{si } \varepsilon > \frac{1}{2}. \end{cases}$$

D'après ces formules, on peut définir une quantité w satisfaisant aux équations

$$\wp(w) = \frac{D}{A}, \qquad \wp'(w) = -\frac{E}{A\sqrt{B}}$$

de la manière suivante :

Premier cas :

$$g_2^3 - 27g_3^2 > 0.$$

1° Si A est positif et si $\frac{D}{A}$ appartient à l'intervalle $(+\infty \cdots e_1)$, on peut poser

$$w = 2\varepsilon\omega, \qquad (0 < \varepsilon < 1),$$

en remarquant que l'on aura $\varepsilon \lesseqgtr \frac{1}{2}$ selon que $\varepsilon \gtreqless 0$;

2° Si $A < 0$ et si $\frac{D}{A}$ se trouve dans l'intervalle $(-\infty \cdots e_3)$, on peut poser

$$w = 2\varepsilon\varpi i, \qquad (0 < \varepsilon < 1),$$

et l'on a $\varepsilon \lesseqgtr \frac{1}{2}$ selon que $\varepsilon \gtreqless 0$;

3° Si $A > 0$, mais si $\frac{D}{A}$ se trouve dans l'intervalle $(e_3 \cdots e_2)$, on peut poser

$$w = 2\varepsilon\omega + \varpi i, \qquad (0 \leqq \varepsilon < 1),$$

et l'on a $\varepsilon \lesseqgtr \frac{1}{2}$ selon que $\varepsilon \lesseqgtr 0$.

4° Si $A < 0$ et si $\frac{D}{A}$ appartient à l'intervalle $(e_1 \cdots e_2)$, on peut poser

$$w = \omega + 2\varepsilon\varpi i, \qquad (0 \leqq \varepsilon < 1),$$

et l'on a $\varepsilon \lesseqgtr \frac{1}{2}$ selon que $\varepsilon \lesseqgtr 0$.

Deuxième cas :

$$g_2^3 - 27 g_3^2 < 0.$$

5° Si $A > 0$, $\frac{D}{A}$ appartient à l'intervalle $(e_2 \cdots \infty)$ et l'on peut poser

$$w = 2\varepsilon\varpi i, \qquad (0 \leqq \varepsilon < 1),$$

ε étant $\lesseqgtr \frac{1}{2}$ selon que $\varepsilon \gtreqless 0$;

6° Si $A < 0$, $\frac{D}{A}$ se trouve dans l'intervalle $(-\infty \cdots e_2)$ et l'on peut poser

$$w = 2\varepsilon\varpi i, \qquad (0 < \varepsilon < 1),$$

ε étant $\lesseqgtr \frac{1}{2}$ selon que $\varepsilon \gtreqless 0$.

Les cas 1° et 2° se présentent lorsque les racines de l'équation $R(x) = 0$ sont toutes les quatre réelles.

Les cas 3° et 4° ont lieu si toutes les racines sont imaginaires.

Enfin les cas 5° et 6° ont lieu si deux racines sont réelles, et les deux autres imaginaires conjuguées.

Dans le cas 1°, les quantités $\frac{D}{A} - e_1$, $\frac{D}{A} - e_2$, $\frac{D}{A} - e_3$ sont toutes les trois réelles et positives; dans le cas 2°, elles sont réelles et négatives; par conséquent, en vertu des équations (14), les quantités $\frac{h_0}{\sqrt{A}}$, $\frac{h_0'}{\sqrt{A}}$, $\frac{h_0''}{\sqrt{A}}$, $\frac{h_0'''}{\sqrt{A}}$ sont, dans les deux cas, réelles.

Dans le cas 3°, les quantités $\frac{D}{A} - e_1$, $\frac{D}{A} - e_2$ sont négatives, tandis que $\frac{D}{A} - e_3$ est positif; par conséquent

$$\frac{1}{\sqrt{A}}\sqrt{\frac{D}{A} - e_3}$$

IMPRIMERIE NATIONALE.

est une quantité réelle, tandis que

$$\frac{1}{\sqrt{A}}\sqrt{\frac{D}{A}-e_1}, \qquad \frac{1}{\sqrt{A}}\sqrt{\frac{D}{A}-e_2}$$

sont des quantités imaginaires. Les quantités $\frac{h_0^2}{\sqrt{A}}$ sont donc des quantités complexes. Les racines a et a_3, de même que a_1 et a_2, sont, dans ce cas, des quantités imaginaires conjuguées.

Dans le cas 4°, les quantités $\frac{D}{A}-e_2$, $\frac{D}{A}-e_3$ sont positives, mais $\frac{D}{A}-e_1$ est négatif; par conséquent

$$\frac{\sqrt{\frac{D}{A}-e_1}}{\sqrt{A}}$$

est réel, mais

$$\frac{\sqrt{\frac{D}{A}-e_2}}{\sqrt{A}}, \qquad \frac{\sqrt{\frac{D}{A}-e_3}}{\sqrt{A}}$$

sont imaginaires; donc

$$\frac{h_0}{\sqrt{A}}, \qquad \frac{h_0}{\sqrt{A}}, \qquad \frac{h'_0}{\sqrt{A}}, \qquad \frac{h_0}{\sqrt{A}}$$

sont des quantités complexes. Les racines a et a_1, de même que a_2 et a_3, sont des quantités imaginaires conjuguées.

Dans le cas 5°, $\frac{D}{A}-e_2$ est positif, $\frac{D}{A}-e_1$, $\frac{D}{A}-e_3$ sont des quantités complexes conjuguées. Les fonctions $\frac{\sigma_1(u)}{\sigma(u)}$, $\frac{\sigma_3(u)}{\sigma(u)}$ prennent pour des valeurs réelles de u des valeurs imaginaires (complexes) conjuguées, de manière que, si u et u' sont des valeurs complexes conjuguées, les valeurs correspondantes

$$\frac{\sigma_1(u)}{\sigma(u)}, \qquad \frac{\sigma_3(u)}{\sigma(u)}$$

sont aussi des quantités complexes conjuguées.

Dans le cas 6°, aussi bien que dans le cas 5°, les quantités

$$\frac{1}{\sqrt{A}}\frac{\sigma_1(w)}{\sigma(w)}, \qquad \frac{1}{\sqrt{A}}\frac{\sigma_3(w)}{\sigma(w)}$$

sont des quantités complexes conjuguées, tandis que

$$\frac{1}{\sqrt{A}}\frac{\sigma_2(w)}{\sigma(w)}$$

est une quantité réelle.

Les racines a et a_2 sont donc réelles dans ces cas, mais a_1 et a_3 sont complexes conjuguées.

Il résulte donc de la discussion précédente que, pour des valeurs réelles de u, les fonctions

$$\varphi(u, w), \qquad \varphi(u+\omega_1, w), \qquad \varphi(u+\omega_2, w), \qquad \varphi(u+\omega_3, w)$$

sont toutes les quatre réelles dans les cas 1° et 2° et imaginaires dans les cas 3° et 4°.

Il est à remarquer que, dans le cas 3°, la première et la troisième, de même que la deuxième et la quatrième de ces fonctions, sont des quantités imaginaires conjuguées; dans le cas 4°, ce sont au contraire la première et la deuxième, de même que la troisième et la quatrième de ces fonctions, qui sont conjuguées.

Dans les cas 5° et 6°, la première et la troisième de ces fonctions sont réelles, tandis que la deuxième et la quatrième sont imaginaires conjuguées.

§ 4.

Pour pouvoir appliquer les formules du paragraphe précédent, il faut commencer par la discussion des racines de l'équation

$$R(x) = -x^4 + 6l_1x^2 + 4lc_0x + c_3^2 - l^2 - c$$

En général, si l'on a

$$R(x) = Ax^4 + 4Bx^3 + 6Cx^2 + 4B'x + A',$$

A, B, C, B', A' désignant des constantes réelles, et que l'on pose

$$g_2 = AA' - 4BB' + 3C^2,$$
$$g_3 = ACA' + 2BCB' - AB'^2 - A'B^2 - C^3,$$

la condition de la réalité des racines de l'équation $R(x) = 0$ peut s'énoncer de la manière suivante :

Si $g_2^3 - 27g_3^2 < 0$, l'équation $R(x) = 0$ a deux racines réelles et deux racines imaginaires conjuguées.

Si $g_2^3 - 27g_3^2 > 0$, les quatre racines sont réelles, ou imaginaires conjuguées deux à deux.

Le premier cas a lieu si l'on a de plus

$$B^2 - AC > 0, \qquad 12(B^2 - AC)^2 - A^2 g_2 > 0.$$

Mais si, $g_2^3 - 27g_3^2$ étant positif, l'une de ces deux dernières quantités est négative, les quatre racines de l'équation $R(x) = 0$ sont imaginaires conjuguées deux à deux.

Appliquons ceci au polynôme

$$R(x) = -x^4 + 6l_1 x^2 + 4lc_0 x + c_0^2 - k^2,$$
$$A = -1, \qquad B = 0, \qquad C = l_1, \qquad B' = lc_0, \qquad A' = c_0^2 - k^2.$$

Posons, pour abréger

$$l_0 = lc_0, \qquad k_0 = c_0^2 - k^2.$$

On a dans ce cas

$$g_2 = -k_0 + 3l_1^2,$$
$$g_3 = -l_1(k_0 + l_1^2) + l_0^2,$$
$$B^2 - AC = l_1, \qquad 12(B^2 - AC)^2 - A^2 g_2 = k_0 + 9l_1^2,$$
$$g_2^3 - 27g_3^2 = (-k_0 + 3l_1)^3 - 27[-l_1(k_0 + l_1^2) + l_0^2]$$
$$= -27\left[l_0^4 - 2l_1(k_0 + l_1^2)l_0^2 + \frac{1}{27}k_0(k_0 + 9l_1^2)^2\right].$$

Examinons d'abord l'équation

$$g_2^3 - 27g_3^2 = 0,$$

qui est une équation biquadratique en l_0.

Pour une équation biquadratique

$$x^4 - 2Mx^2 + N = 0,$$

on peut distinguer les cas suivants

$M > 0$, $N > 0$, $M^2 - N < 0$, quatre racines imaginaires.
$M > 0$, $N > 0$, $M^2 - N > 0$, quatre racines réelles.
$M < 0$, $N > 0$, $M^2 - N < 0$, quatre racines imaginaires.
$M < 0$, $N > 0$, $M^2 - N > 0$, quatre racines imaginaires.
$M > 0$, $N < 0$, $M^2 - N > 0$, deux réelles, deux imag. conjug.
$M < 0$, $N > 0$, $M^2 - N > 0$, deux réelles, deux imag. conjug.

En appliquant ces formules à la discussion des racines de l'équation $g_2^3 - 27g_3^2 = 0$, on trouve que, pour la discussion des racines de l'équation $R(x) = 0$, il faut distinguer les six cas suivants :

Premier cas :

$$l_1 > 0, \qquad h_0 > 0, \qquad h_0 + 4l_1^2 < 0.$$

Les quatre racines de l'équation biquadratique

$$R_1(l_0) = l_0^4 - 2l_1(h_0 + l_1^2)\,l_0^2 + \frac{1}{27}\,h_0(h_0 + 9l_1^2)^2 = 0$$

étant imaginaires dans ce cas, vu que

$$27l_1^2(h_0 + l_1^2)^2 - h_0(h_0 + 9l_1^2)^2 = (-h_0 + 3l_1^2)^3 < 0,$$

la quantité

$$g_2^3 - 27g_3^2 = -27\,R_1(l_0)$$

est négative pour toutes les valeurs réelles de l_0.

L'équation $R(x) = 0$ a donc deux racines réelles et deux racines imaginaires conjuguées.

Deuxième cas :

$$l_1 > 0, \qquad k_0 > 0, \qquad k_0 + 3l_1^2 > 0.$$

L'équation biquadratique $R_1(l_0) = 0$ a, dans ce cas, toutes ses racines réelles; si l'on pose

$$l_0'^2 = l_1(k_0 + l_1^2) + (-k_0 + 3l_1^2)^{\frac{3}{2}},$$

$$l_0''^2 = l_1(k_0 + l_1^2) - (-k_0 + 3l_1^2)^{\frac{3}{2}},$$

la quantité

$$G = g_2^3 - 27g_3^2 = -27R_1(l_0)$$

sera négative si

$$l_0^2 > l_0'^2 > l_0''^2, \qquad l_0'^2 > l_0''^2 > l_0^2;$$

au contraire, G sera positive si

$$l_0'^2 > l_0^2 > l_0''^2.$$

Dans les deux premiers cas, l'équation $R(x) = 0$ a deux racines réelles et deux racines imaginaires conjuguées. Dans le troisième cas, les quatre racines de l'équation $R(x) = 0$ sont réelles.

Troisième cas :

$$l_1 > 0, \qquad k_0 < 0, \qquad k_0 + 9l_1^2 > 0.$$

L'équation biquadratique $R_1(l_0) = 0$ a, dans ce cas, deux racines réelles et deux imaginaires. On a

$$l_0'^2 = l_1(k_0 + l_1^2) + (-k_0 + 3l_1^2)^{\frac{3}{2}} > 0,$$

$$l_0''^2 = l_1(k_0 + l_1^2) - (-k_0 + 3l_1^2)^{\frac{3}{2}} > 0.$$

La quantité

$$G = g_2^3 - 27\,g_3^2 = -17\,R_1(l_0)$$

est négative si $l_0^2 > l_0'^2$; elle est positive si $l_0^2 < l_0'^2$.

L'équation $R(x)$ a donc quatre racines réelles si

$$l_1 > 0, \qquad k_0 < 0, \qquad k_0 + 9l_1^2 > 0, \qquad l_0^2 < l_0'^2,$$

et deux racines réelles si

$$l_1 > 0, \qquad k_0 < 0, \qquad k_0 + 9l_0^2 > 0, \qquad l_0^2 > l_0'^2.$$

Quatrième cas :

$$l_1 > 0. \qquad k_0 < 0. \qquad k_0 + 9l_1^2 < 0.$$

L'équation biquadratique $R_1(l_0)$ ayant toujours deux racines réelles et deux racines imaginaires, on voit que dans ce cas l'équation $R(x) = 0$ a quatre racines imaginaires si $l_0^2 < l_0'^2$, et deux racines réelles si $l_0^2 > l_0'^2$.

Cinquième cas :

$$l_1 < 0, \qquad k_0 > 0.$$

L'équation $R_1(l_0) = 0$ ayant dans ce cas ses quatre racines imaginaires, la quantité

$$G = g_2^3 - 27\,g_3^2 = -27\,R_1(l_0)$$

est négative pour toute valeur réelle de l_0.

L'équation $R(x) = 0$ a donc deux racines réelles et deux racines imaginaires.

Sixième cas :

$$l_1 < 0, \qquad k_0 < 0.$$

L'équation $R_1(l_0) = 0$ ayant dans ce cas deux racines réelles et deux racines imaginaires, on voit, en désignant par l_0' et $-l_0'$ les deux racines réelles, que la quantité

$$G = g_2^3 - 27\,g_3^2 = -27\,R_1(l_0)$$

est positive si l_0 se trouve dans l'intervalle $(-l'_0 \cdots +l'_0)$, mais qu'elle est négative si l_0 se trouve en dehors de cet intervalle. Dans le premier cas, les quatre racines de l'équation $R(x) = 0$ sont imaginaires conjuguées deux à deux. Dans le second cas, deux de ses racines sont réelles.

Résumé. — Si l'on pose

$$l_0'^2 = l_1(k_0 + l_1^2) + (-k_0 + 3l_1^2)^{\frac{3}{2}},$$

$$l_0''^2 = l_1(k_0 + l_1^2) - (-k_0 + 3l_1^2)^{\frac{3}{2}},$$

l'équation $R(x) = 0$ a quatre racines réelles dans les deux cas suivants :

(1) $l_1 > 0,\quad k_0 > 0,\quad -k_0 + 3l_1^2 > 0,\quad l_0'^2 > l_0^2 > l_0''^2,$

(2) $l_1 > 0,\quad k_0 < 0,\quad k_0 + 9l_1^2 > 0,\quad l_0^2 < l_0'^2.$

Les quatre racines de l'équation $R(x) = 0$ sont imaginaires dans les cas suivants :

(3) $l_1 > 0,\quad k_0 < 0,\quad k_0 + 9l_1^2 < 0,\quad l_0^2 < l_0'^2,$

(4) $l_1 < 0,\quad k_0 < 0,\quad l_0^2 < l_0'^2.$

Enfin, l'équation $R(x)$ a deux racines réelles dans les cas suivants :

(5) $l_1 > 0,\quad k_0 > 0,\quad -k_0 + 3l_1^2 < 0,$ pour toute valeur de l_0

(6) $l_1 > 0,\quad k_0 > 0,\quad -k_0 + 3l_1^2 > 0,\quad l_0^2 > l_0'^2$ ou bien $l_0^2 < l_0''^2,$

(7) $l_1 > 0,\quad k_0 < 0,\quad k_0 + 9l_1^2 > 0,\quad l_0^2 > l_0'^2,$

(8) $l_1 > 0,\quad k_0 < 0,\quad k_0 + 9l_1^2 < 0,\quad l_0^2 > l_0'^2,$

(9) $l_1 < 0,\quad k_0 > 0,$ pour toute valeur de l_0.

(10) $l_1 < 0,\quad k_0 < 0,\quad l_0^2 > l_0'^2.$

§ 5.

J'examinerai plus en détail le cas où les quatre racines de l'équation

$$R(x) = -x^4 + 6l_1 x^2 + 4lc_0 x + c_0^2 - k^2 = 0$$

sont toutes réelles.

En nous servant des mêmes notations qu'au § 2, nous avons dans ce cas

$$\wp(w) = \frac{D}{A} = -l_1, \qquad \wp'^2(w) = -4l_1^3 + g_2 l_1 - g_3 = -l_0^2;$$

w est purement imaginaire.

Les trois racines e_1, e_2, e_3 de l'équation

$$4s^3 - g_2 s - g_3 = 0$$

sont réelles, et l'on a

$$e_1 > e_2 > e_3 > -l_1.$$

Les quantités

$$\frac{\sigma_1(w)}{\sigma(w)} = \sqrt{-(l_1+e_1)},$$
$$\frac{\sigma_2(w)}{\sigma(w)} = \sqrt{-(l_1+e_2)},$$
$$\frac{\sigma_3(w)}{\sigma(w)} = \sqrt{-(l_1+e_3)}$$

sont toutes les trois purement imaginaires, et il en est de même des quantités

$$h_0 = \frac{\sigma_1(w)}{\sigma(w)} + \frac{\sigma_2(w)}{\sigma(w)} + \frac{\sigma_3(w)}{\sigma(w)},$$
$$h_1 = (e_2 - e_3)\frac{\sigma_1(w)}{\sigma(w)} + (e_3 - e_1)\frac{\sigma_2(w)}{\sigma(w)} + (e_1 - e_2)\frac{\sigma_3(w)}{\sigma(w)},$$
$$h_2 = (e_2^2 - e_3^2)\frac{\sigma_1(w)}{\sigma(w)} + (e_3^2 - e_1^2)\frac{\sigma_2(w)}{\sigma(w)} + (e_1^2 - e_2^2)\frac{\sigma_3(w)}{\sigma(w)}.$$

En introduisant deux variables nouvelles u_1, u_2, définies par les équations différentielles

$$du_1 = \frac{dx_1}{\sqrt{R(x_1)}}, \qquad du_2 = \frac{dx_2}{\sqrt{R(x_2)}},$$

$$x_1 = p + qi, \qquad x_2 = p - qi,$$

et en désignant par E le produit $(e_2 - e_3)(e_3 - e_1)(e_1 - e_2)$, nous pouvons donc poser dans ce cas

$$x_1 = p + qi = \varphi(u_1) = i\left(h_0 + \frac{2E}{h_1 \wp(u_1) + h_2}\right),$$

$$x_2 = p - qi = \varphi(u_2) = i\left(h_0 + \frac{2E}{h_1 \wp(u_2) - h_2}\right);$$

et l'on voit que x_1 et x_2 sont des quantités imaginaires conjuguées, si u_1 et u_2 le sont. Posons

$$u_1 = \frac{u + vi}{2},$$

$$u_2 = \frac{u - vi}{2},$$

u et v étant des variables réelles. On a alors

$$s_1 = \wp(u_1 + u_2) = \wp(u),$$

$$s_2 = \wp(u_1 - u_2) = \wp(vi).$$

Il suit de ces formules que s_1 et s_2 sont tous les deux des quantités réelles, comprises entre les limites suivantes

$$(\infty \cdots s_1 \cdots e_1), \qquad (e_3 \cdots s_2 \cdots \infty).$$

Pour trouver les expressions de p et de q en fonction de s_1 et de s_2, je me servirai des formules suivantes (*Formeln und Lehrsätze*, etc., p. 50) :

$$\sigma_\lambda(w)\,\sigma(u+v+w)\,\sigma(u-v) = \sigma(v+w)\,\sigma(u)\,\sigma_\lambda(u+w)\,\sigma_\lambda(v) - \sigma_\lambda(u+w)\,\sigma_\lambda(u)\,\sigma(v+w)\,\sigma(v),$$

$$\sigma_\lambda(w)\,\sigma_\lambda(u+v+w)\,\sigma_\lambda(u-v) = \sigma_\lambda(u+w)\,\sigma_\lambda(u)\,\sigma_\lambda(v+w)\,\sigma_\lambda(v) - (e_\lambda - e_\mu)(e_\lambda - e_\nu)\,\sigma(u+w)\,\sigma(u)\,\sigma(v+w)\,\sigma(v).$$

En faisant dans ces formules $w = 0$ et en donnant successivement à λ les valeurs 1, 2, 3, on trouve

$$\sigma(u+v)\,\sigma(u-v) = \sigma^2(u)\,\sigma_1^2(v) - \sigma_1^2(u)\,\sigma^2(v),$$
$$\sigma_1(u+v)\,\sigma_1(u-v) = \sigma_1^2(u)\,\sigma_1^2(v) - (e_1-e_2)(e_1-e_3)\,\sigma^2(u)\,\sigma^2(v),$$
$$\sigma_2(u+v)\,\sigma_2(u-v) = \sigma_2^2(u)\,\sigma_2^2(v) + (e_1-e_2)(e_2-e_3)\,\sigma^2(u)\,\sigma^2(v),$$
$$\sigma_3(u+v)\,\sigma_3(u-v) = \sigma_3^2(u)\,\sigma_3^2(v) - (e_1-e_3)(e_2-e_3)\,\sigma^2(u)\,\sigma^2(v),$$

ou bien

$$\sigma_2(u+v)\,\sigma_2(u-v)$$
$$= \sigma_1^2(u)\,\sigma_1^2(v) + (e_1-e_2)(e_1-e_3)\,\sigma^2(u)\,\sigma^2(v) + (e_1-e_2)\,\sigma^2(u)\,\sigma_1^2(v) + \sigma_1^2(u)\,\sigma^2(v),$$

$$\sigma_3(u+v)\,\sigma_3(u-v)$$
$$= \sigma_1^2(u)\,\sigma_1^2(v) + (e_1-e_2)(e_1-e_3)\,\sigma^2(u)\,\sigma^2(v) + (e_1-e_3)\,\sigma^2(u)\,\sigma_1^2(v) + \sigma_1^2(u)\,\sigma^2(v),$$

en remarquant que

$$\sigma_2^2(u) = \sigma_1^2(u) + (e_1-e_2)\,\sigma^2(u),$$
$$\sigma_3^2(u) = \sigma_1^2(u) + (e_1-e_3)\,\sigma^2(u).$$

Il suit de ces formules

$$2\,(e_2-e_3)(e_3-e_1)(e_1-e_2)\,\sigma^2(u)\,\sigma^2(v)$$
$$= (e_2-e_3)\,\sigma_1(u+v)\,\sigma_1(u-v) + (e_3-e_1)\,\sigma_2(u+v)\,\sigma_2(u-v) + (e_1-e_2)\,\sigma_3(u+v)\,\sigma_3(u-v),$$

$$2\,(e_2-e_3)\,\sigma_1^2(u)\,\sigma_1^2(v)$$
$$= (e_2-e_3)\,\sigma_1(u+v)\,\sigma_1(u-v) - (e_3-e_1)\,\sigma_2(u+v)\,\sigma_2(u-v) - (e_1-e_2)\,\sigma_3(u+v)\,\sigma_3(u-v),$$

$$2\,(e_2-e_3)\,\sigma^2(u)\,\sigma_1^2(v)$$
$$= (e_2-e_3)\,\sigma(u+v)\,\sigma(u-v) - \sigma_2(u+v)\,\sigma_2(u-v) + \sigma_3(u+v)\,\sigma_3(u-v).$$

$$2\,(e_2-e_3)\,\sigma_1^2(u)\,\sigma^2(v)$$
$$= -(e_2-e_3)\,\sigma(u+v)\,\sigma(u-v) - \sigma_2(u+v)\,\sigma_2(u-v) + \sigma_3(u+v)\,\sigma_3(u-v).$$

D'où l'on tire, par division,

$$\frac{\sigma_1^2(u)}{\sigma^2(u)}=(e_1-e_2)(e_1-e_3)\frac{(e_2-e_3)\sigma(u+v)\sigma(u-v)+\sigma_2(u+v)\sigma_2(u-v)-\sigma_3(u+v)\sigma_3(u-v)}{(e_2-e_3)\sigma_1(u+v)\sigma_1(u-v)+(e_3-e_1)\sigma_2(u+v)\sigma_2(u-v)+(e_1-e_2)\sigma_3(u+v)\sigma_3(u-v)}$$

et par conséquent, vu que $\wp(u)=\frac{\sigma_1^2(u)}{\sigma^2(u)}+e_1$,

$$\wp(u)=-\frac{E\sigma(u+v)\sigma(u-v)+(e_2^2-e_3^2)\sigma_1(u+v)\sigma_1(u-v)+(e_3^2-e_1^2)\sigma_2(u+v)\sigma_2(u-v)+(e_1^2-e_2^2)\sigma_3(u+v)\sigma_3(u-v)}{(e_2-e_3)\sigma_1(u+v)\sigma_1(u-v)+(e_3-e_1)\sigma_2(u+v)\sigma_2(u-v)+(e_1-e_2)\sigma_3(u+v)\sigma_3(u-v)},$$

$$\wp(v)=-\frac{-E\sigma(u+v)\sigma(u-v)+(e_2^2-e_3^2)\sigma_1(u+v)\sigma_1(u-v)+(e_3^2-e_1^2)\sigma_2(u+v)\sigma_2(u-v)+(e_1^2-e_2^2)\sigma_3(u+v)\sigma_3(u-v)}{(e_2-e_3)\sigma_1(u+v)\sigma_1(u-v)+(e_3-e_1)\sigma_2(u+v)\sigma_2(u-v)+(e_1-e_2)\sigma_3(u+v)\sigma_3(u-v)}.$$

En posant donc

$$P_\alpha=\frac{\sigma_\alpha(u_1+u_2)}{\sigma(u_1+u_2)},\qquad \frac{\sigma_\alpha(u_1-u_2)}{\sigma(u_1-u_2)}=\sqrt{(s_1-e_\alpha)(s_2-e_\alpha)},\qquad (\alpha=1,2,3),$$

$$\wp(u_1)+\wp(u_2)=2\frac{(e_2^2-e_3^2)P_1+(e_3^2-e_1^2)P_2+(e_1^2-e_2^2)P_3}{(e_2-e_3)P_1+(e_3-e_1)P_2+(e_1-e_2)P_3},$$

$$\wp(u_1)-\wp(u_2)=\frac{-2E}{(e_2-e_3)P_1+(e_3-e_1)P_2+(e_1-e_2)P_3},$$

$$\wp(u_1)\wp(u_2)=-\frac{(e_2-e_3)(e_1^2+e_2e_3)P_1+(e_3-e_1)(e_2^2+e_3e_1)P_1+(e_1-e_2)(e_3^2+e_1e_2)P_3}{(e_2-e_3)P_1+(e_3-e_1)P_2+(e_1-e_2)P_3},$$

et en portant ces expressions dans les formules

$$p=\frac{x_1+x_2}{2}=i\left(h_0+E\frac{h_1[\wp(u_1)+\wp(u_2)]+2h_2}{h_1^2\wp(u_1)\wp(u_2)+h_1h_2[\wp(u_1)+\wp(u_2)]+h_2^2}\right),$$

$$q=\frac{x_1-x_2}{2i}=E\frac{h_1[\wp(u_1)-\wp(u_2)]}{h_1^2\wp(u_1)\wp(u_2)+h_1h_2[\wp(u_1)+\wp(u_2)]+h_2^2},$$

on trouve, après quelques calculs,

$$p=-i\frac{L_1P_1+M_1P_2+N_1P_3}{LP_1+MP_2+NP_3},$$

$$q=\frac{E}{LP_1+MP_2+NP_3},$$

où j'ai posé

$$L=(e_2-e_3)\frac{\sigma_1(w)}{\sigma(w)}=i(e_2-e_3)\sqrt{l_1+e_1},$$

$$M=(e_3-e_1)\frac{\sigma_2(w)}{\sigma(w)}=i(e_3-e_1)\sqrt{l_1+e_2},$$

$$N=(e_1-e_2)\frac{\sigma_3(w)}{\sigma(w)}=i(e_1-e_2)\sqrt{l_1+e_3},$$

$$L_1 = (e_2 - e_3)\frac{\sigma_2(w)}{\sigma(w)}\frac{\sigma_3(w)}{\sigma(w)} = (e_2 - e_3)\sqrt{(l_1 + e_2)(l_1 + e_3)},$$

$$M_1 = (e_3 - e_1)\frac{\sigma_3(w)}{\sigma(w)}\frac{\sigma_1(w)}{\sigma(w)} = (e_3 - e_1)\sqrt{(l_1 + e_3)(l_1 + e_1)},$$

$$N_1 = (e_1 - e_2)\frac{\sigma_1(w)}{\sigma(w)}\frac{\sigma_2(w)}{\sigma(w)} = (e_1 - e_2)\sqrt{(l_1 + e_1)(l_1 + e_2)}.$$

Les quantités $l_1 + e_1$, $l_1 + e_2$, $l_1 + e_3$ sont toutes les trois réelles et positives.

Les quantités $s_1 - e_1$, $s_1 - e_2$, $s_1 - e_3$ sont positives pour des valeurs réelles de l'argument u.

Les quantités $s_2 - e_1$, $s_2 - e_2$, $s_2 - e_3$ sont, au contraire, toutes les trois négatives pour des valeurs réelles de l'argument v.

Les quantités L_1, M_1, N_1, iP_1, iP_2, iP_3, LP_1, MP_2, NP_3 sont donc toutes réelles.

On voit donc que p et q ont des valeurs réelles, si u_1 et u_2 désignent des variables imaginaires conjuguées.

Pour calculer la valeur de r, je me sers de l'équation

$$2\frac{dp}{dt} = qr.$$

En général, si l'on pose

$$R(s) = R_0(s - a_0)(s - a_1)(s - a_2)(s - a_3)(s - a_4).$$

$$du_1 = \frac{s_1\,ds_1}{\sqrt{R(s_1)}} + \frac{s_2\,ds_2}{\sqrt{R(s_2)}},$$

$$du_2 = \frac{ds_1}{\sqrt{R(s_1)}} + \frac{ds_2}{\sqrt{R(s_2)}},$$

$$ds_1 = \frac{\sqrt{R(s_1)}}{s_1 - s_2}(du_1 - s_2\,du_2),$$

$$ds_2 = \frac{\sqrt{R(s_2)}}{s_2 - s_1}(du_1 - s_1\,du_2),$$

$$P_\alpha = \sqrt{c_\alpha(s_1 - a_\alpha)(s_2 - a_\alpha)} \qquad (\alpha = 0, \ldots, 4).$$

$$P_{\alpha\beta} = \frac{c_{\alpha\beta}P_\alpha P_\beta}{s_1 - s_2}\left[\frac{\sqrt{R(s_1)}}{(s_1 - a_\alpha)(s_1 - a_\beta)} - \frac{\sqrt{R(s_2)}}{(s_2 - a_\alpha)(s_2 - a_\beta)}\right],$$

c_α et $c_{\alpha\beta}$ désignant des constantes arbitraires, on trouve, après quelques calculs,

$$\frac{\partial P_\alpha}{\partial u_1} = \frac{1}{2(a_\beta - a_\gamma)} \left(\frac{P_\gamma P_{\alpha\gamma}}{c_\gamma c_{\alpha\gamma}} - \frac{P_\beta P_{\alpha\beta}}{c_\beta c_{\alpha\beta}} \right),$$

$$\frac{\partial P_\alpha}{\partial u_2} = \frac{1}{2(a_\beta - a_\gamma)} \left(\frac{a_\gamma P_\beta P_{\alpha\beta}}{c_\beta c_{\alpha\beta}} - \frac{a_\beta P_\gamma P_{\alpha\gamma}}{c_\gamma c_{\alpha\gamma}} \right),$$

$$\frac{\partial P_{\alpha\beta}}{\partial u_1} = \frac{1}{2} R_0 c_{\alpha\beta} P_\alpha P_\beta,$$

$$\frac{\partial P_{\alpha\beta}}{\partial u_2} = -\frac{1}{2} R_0 a_\gamma c_{\alpha\beta} P_\alpha P_\beta - \frac{1}{2} \frac{c_{\alpha\beta} P_{\alpha\gamma} P_{\beta\gamma}}{c_\gamma c_{\alpha\gamma} c_{\beta\gamma}}.$$

Dans ces formules, α, β, γ désignent trois nombres quelconques de la série 0, 1, 2, 3, 4.

Dans le cas que nous considérons, on a

$$R(s) = -4(s - e_1)(s - e_2)(s - e_3)(s - k_1)(s - k_2),$$

$$R_0 = -4, \qquad c_\alpha = 1, \qquad c_{\alpha\beta} = 1,$$

$$du_1 = dt, \qquad du_2 = 0.$$

Par suite, en différentiant p d'après les formules précédentes et en posant

$$P_{23} = \frac{2i}{s_1 - s_2} \Big[\sqrt{(s_1 - e_1)(s_1 - k_1)(s_1 - k_2)(s_2 - e_2)(s_2 - e_3)} - \sqrt{(s_1 - e_2)(s_1 - e_3)(s_2 - e_1)(s_2 - k_1)(s_2 - k_2)} \Big],$$

$$P_{13} = \frac{2i}{s_1 - s_2} \Big[\sqrt{(s_1 - e_2)(s_1 - k_1)(s_1 - k_2)(s_2 - e_3)(s_2 - e_1)} - \sqrt{(s_1 - e_3)(s_1 - e_1)(s_2 - e_2)(s_2 - k_1)(s_2 - k_2)} \Big],$$

$$P_{12} = \frac{2i}{s_1 - s_2} \Big[\sqrt{(s_1 - e_3)(s_1 - k_1)(s_1 - k_2)(s_2 - e_1)(s_2 - e_2)} - \sqrt{(s_1 - e_1)(s_1 - e_2)(s_2 - e_3)(s_2 - k_1)(s_2 - k_2)} \Big],$$

on trouve

$$r = \frac{2}{q} \frac{dp}{dt} = -i \frac{LP_{23} + MP_{13} + NP_{12}}{LP_1 + MP_2 + NP_3};$$

L, M, N ont la même signification que dans les formules pour p, q.

Comme nous l'avons vu plus haut, s_1 et s_2 doivent être compris entre les limites suivantes

$$(+\infty \cdots s_1 \cdots e_1), \qquad (e_3 \cdots s_2 \cdots \infty).$$

Les quantités

$$\begin{gathered}(s_1 - e_1)(s_2 - e_2)(s_2 - e_3),\\ (s_1 - e_2)(s_2 - e_3)(s_2 - e_1),\\ (s_1 - e_3)(s_2 - e_1)(s_2 - e_2)\end{gathered}$$

sont donc positives;

$$\begin{gathered}(s_1 - e_2)(s_1 - e_3)(s_2 - e_1),\\ (s_1 - e_3)(s_1 - e_1)(s_2 - e_2),\\ (s_1 - e_1)(s_1 - e_2)(s_2 - e_3)\end{gathered}$$

sont négatives.

Pour que r soit réel, il faut que P_{23}, P_{13}, P_{12} le soient. Pour que ceci ait lieu, il faut que l'on ait

$$\begin{gathered}(s_1 - k_1)(s_1 - k_2) < 0,\\ (s_2 - k_1)(s_2 - k_2) > 0.\end{gathered}$$

Les constantes d'intégration doivent donc être choisies de manière à satisfaire aux inégalités

$$k_1 > e_1 > k_2;$$

s_1 et s_2 devront alors être compris entre les limites

$$(k_1 \cdots s_1 \cdots e_1), \qquad (k_2 \cdots s_2 \cdots \infty).$$

Il nous reste à calculer les valeurs de $\gamma, \gamma', \gamma''$ en fonction de s_1 et de s_2.

On obtient γ'' à l'aide de l'équation

$$2\frac{dq}{dt} = -rp - c_0\gamma''$$

ou

$$c_0\gamma'' = -\left(2\frac{dq}{dt} + rp\right),$$

et l'on trouve, en différentiant q d'après les formules de différentiation précitées,

$$c_0\gamma'' = \frac{L_1P_{23} + M_1P_{13} + N_1P_{12}}{LP_1 + MP_2 + NP_3},$$

L, M, N, L_1, M_1, N_1 ayant les mêmes significations qu'auparavant.

La valeur de γ' peut être calculée à l'aide de l'équation

$$\frac{dr}{dt} = c_0\gamma'.$$

En écrivant pour r la valeur obtenue précédemment, on trouve

$$c_0\gamma' = -\frac{\left\{\begin{array}{l}(LP_1 + MP_2 + NP_3)\left(L\frac{d}{dt}P_{23} + M\frac{d}{dt}P_{13} + N\frac{d}{dt}P_{12}\right)\\ -(LP_{23} + MP_{13} + NP_{12})\left(L\frac{d}{dt}P_1 + M\frac{d}{dt}P_2 + N\frac{d}{dt}P_3\right)\end{array}\right\}}{(LP_1 + MP_2 + NP_3)^2}.$$

En différentiant d'après les formules précitées, on trouve

$$\begin{aligned}
&(LP_1 + MP_2 + NP_3)\left(L\frac{d}{dt}P_{23} + M\frac{d}{dt}P_{13} + N\frac{d}{dt}P_{12}\right)\\
&-(LP_{23} + MP_{13} + NP_{12})\left(L\frac{d}{dt}P_1 + M\frac{d}{dt}P_2 + N\frac{d}{dt}P_3\right)\\
&= R_0(L^2 + M^2 + N^2)P_1P_2P_3 - \frac{L^2}{e_2 - e_3}P_{23}(P_3P_{13} - P_2P_{12})\\
&\quad - \frac{M^2}{e_3 - e_1}P_{13}(P_1P_{12} - P_3P_{23}) - \frac{N^2}{e_1 - e_2}P_{12}(P_2P_{23} - P_1P_{12})\\
&\quad + MN\left[R_0(P_2^2 + P_3^2)P_1 - P_{13}\frac{P_2P_{23} - P_1P_{13}}{e_1 - e_2} - P_{12}\frac{P_1P_{12} - P_3P_{23}}{e_3 - e_1}\right]\\
&\quad + NL\left[R_0(P_3^2 + P_1^2)P_2 - P_{12}\frac{P_3P_{13} - P_2P_{12}}{e_2 - e_3} - P_{23}\frac{P_2P_{23} - P_1P_{13}}{e_1 - e_2}\right]\\
&\quad + LM\left[R_1(P_1^2 + P_2^2)P_3 - P_{23}\frac{P_1P_{12} - P_3P_{23}}{e_3 - e_1} - P_{13}\frac{P_3P_{13} - P_2P_{12}}{e_2 - e_3}\right].
\end{aligned}$$

Cette expression du numérateur de γ' peut être un peu simplifiée de la manière suivante :

En désignant par $\alpha, \beta, \gamma, \delta, \varepsilon$ les nombres 1, 2, 3, 4, 5 rangés dans un ordre quelconque, et en posant, comme nous l'avons déjà fait,

$$P_\alpha = \sqrt{(s_1 - a_\alpha)(s_2 - a_\alpha)},$$

$$P_{\alpha\beta} = \frac{\left\{ \begin{array}{l} \sqrt{R_0 (s_1 - a_\gamma)(s_1 - a_\delta)(s_1 - a_\varepsilon)(s_2 - a_\alpha)(s_2 - a_\beta)} \\ - \sqrt{R_0 (s_1 - a_\alpha)(s_1 - a_\beta)(s_2 - a_\gamma)(s_2 - a_\delta)(s_2 - a_\varepsilon)} \end{array} \right\}}{s_1 - s_2},$$

on trouve facilement les relations suivantes

$$R_0 P_\alpha P_\beta P_\gamma - P_{\beta\gamma} \frac{P_\gamma P_{\alpha\beta} - P_\beta P_{\alpha\beta}}{a_\beta - a_\gamma} = P_{\alpha\delta} P_{\alpha\varepsilon},$$

$$R_0 (P_\beta^2 + P_\gamma^2) P_\alpha - P_{\alpha\gamma} \frac{P_\gamma P_{\beta\gamma} - P_\alpha P_{\alpha\gamma}}{a_\alpha - a_\beta} - P_{\alpha\beta} \frac{P_\alpha P_{\alpha\beta} - P_\gamma P_{\beta\gamma}}{a_\gamma - a_\alpha}$$

$$= P_{\beta\delta} P_{\gamma\varepsilon} + P_{\beta\varepsilon} P_{\gamma\delta} + R_0 (a_\beta - a_\gamma)^2 P_\alpha.$$

En vertu de ces formules et en posant

$$P_4 = \sqrt{(s_1 - k_1)(s_2 - k_1)}, \qquad P_5 = \sqrt{(s_1 - k_2)(s_2 - k_2)}$$

on trouve

$$c_0 \gamma' = \frac{i}{2} \frac{\left\{ \begin{array}{l} L^2 P_{14} P_{15} + M^2 P_{24} P_{25} + N^2 P_{34} P_{35} + MN [P_{24} P_{35} + P_{25} P_{34} + (e_2 - e_3)^2 P_1] \\ + NL [P_{34} P_{15} + P_{35} P_{14} + (e_3 - e_1)^2 P_2] + ML [P_{14} P_{15} + P_{15} P_{24} + (e_1 - e_2)^2 P_3] \end{array} \right\}}{(LP_1 + MP_2 + NP_3)^2}.$$

Enfin, on trouve la valeur de γ, exprimée en fonction de s_1, s_2, à l'aide de l'équation

$$2(p^2 + q^2) + r^2 = 2c_0\gamma + 6l_1.$$

IMPRIMERIE NATIONALE.

En posant

$$L_2 = (e_2^2 - e_3^2)\frac{\sigma_1(w)}{\sigma(w)} = i(e_2^2 - e_3^2)\sqrt{l_1 + e_1},$$

$$M_2 = (e_3^2 - e_1^2)\frac{\sigma_2(w)}{\sigma(w)} = i(e_3^2 - e_1^2)\sqrt{l_1 + e_2},$$

$$N_2 = (e_1^2 - e_2^2)\frac{\sigma_3(w)}{\sigma(w)} = i(e_1^2 - e_2^2)\sqrt{l_1 + e_3},$$

on trouve

$$2c_0\gamma = -4l_1 + \frac{L_2 P_1 + M_2 P_2 + N_2 P_3}{LP_1 + MP_2 + NP_3} - \left(\frac{LP_{23} + MP_{13} + NP_{12}}{LP_1 + MP_2 + NP_3}\right)^2.$$

§ 6.

Telles sont les expressions des six quantités $p, q, r, \gamma, \gamma', \gamma''$ en fonctions symétriques de s_1, s_2. Ces deux dernières quantités sont définies en fonction du temps par les équations différentielles

$$dt = \frac{s_1\, ds_1}{\sqrt{R(s_1)}} + \frac{s_2\, ds_2}{\sqrt{R(s_2)}},$$

$$0 = \frac{ds_1}{\sqrt{R(s_1)}} + \frac{ds_2}{\sqrt{R(s_2)}},$$

$$R(s) = -4(s - e_1)(s - e_2)(s - e_3)(s - k_1)(s - k_2),$$

et peuvent être exprimées à l'aide de fonctions ultraelliptiques par des formules générales.

J'emploierai les mêmes notations que M. Weierstrass dans son cours sur les fonctions abéliennes. (Voir Königsberger, *Zur Transformation der Abel'schen Functionen*, J. f. die reine und angewandte Matematik, Bd. LXIV, et Hennoch, *Inaugural Dissertation*, Berlin, 1867.) Soit

$$R(x) = A_0(x - a_0)(x - a_1)(x - a_2)\cdots(x - a_{2\rho})$$

une fonction entière de x de degré $2\rho - 1$. Nous supposons que A_0, $a_0, a_1, \ldots, a_{2\rho}$ sont des quantités réelles et que, si $A_0 > 0$, on a

$$a_0 > a_1 > a_2 > \cdots > a_{2\rho},$$

et, si $A_0 < 0$,

$$a_0 < a_1 < a_2 < \cdots < a_{2\rho}.$$

Soient $u_1, \ldots, u_\rho$ ρ variables liées aux ρ variables $x_1, \ldots, x_\rho$ par les équations suivantes, dans lesquelles $F_1(x), \ldots, F_\rho(x)$ désignent des fonctions entières d'un degré inférieur à ρ :

$$u_1 = \int_{a_1}^{x_1} \frac{F_1(x)\,dx}{\sqrt{R(x)}} + \cdots + \int_{a_{2\rho-1}}^{x_\rho} \frac{F_1(x)\,dx}{\sqrt{R(x)}},$$

$$\cdots\cdots\cdots\cdots\cdots\cdots\cdots\cdots$$

$$u_\rho = \int_{a_1}^{x_1} \frac{F_\rho(x)\,dx}{\sqrt{R(x)}} + \cdots + \int_{a_{2\rho-1}}^{x_\rho} \frac{F_\rho(x)\,dx}{\sqrt{R(x)}}.$$

Posons

$$K_{\alpha\beta} = \int_{a_{2\beta-1}}^{a_{2\beta}} \frac{F_\alpha(x)\,dx}{\sqrt{R(x)}}, \qquad i\overline{K}_{\alpha\beta} = \int_{a_{2\beta-2}}^{a_{2\beta-1}} \frac{F_\alpha(x)\,dx}{\sqrt{R(x)}},$$

$$iK'_{\alpha\beta} = i\overline{K}_{\mu 1} + i\overline{K}_{\mu 2} + \cdots + i\overline{K}_{\mu\nu},$$

en convenant de définir la racine carrée dans chacune de ces intégrales par la formule

$$\sqrt{R(x)} = A_0^{\rho+1} \left(\frac{x-a_0}{A_0}\right)^{\frac{1}{2}} \left(\frac{x-a_1}{A_0}\right)^{\frac{1}{2}} \cdots \left(\frac{x-a_{2\rho}}{A_0}\right)^{\frac{1}{2}};$$

et introduisons ρ variables nouvelles $v_1, \ldots, v_\rho$, définies par les équations

$$u_1 = 2K_{11}\,v_1 + \cdots + 2K_{1\rho}\,v_\rho,$$

$$\cdots\cdots\cdots\cdots\cdots\cdots$$

$$u_\rho = 2K_{\rho 1}\,v_1 + \cdots + 2K_{\rho\rho}\,v_\rho,$$

dont les inverses sont

$$v_1 = g_{11}\,u_1 + \cdots + g_{\rho 1}\,u_\rho,$$

$$\cdots\cdots\cdots\cdots\cdots\cdots$$

$$v_\rho = g_{1\rho}\,u_1 + \cdots + g_{\rho\rho}\,u_\rho,$$

La fonction $\vartheta(v_1, \ldots, v_\rho)$ est définie par l'équation

$$\vartheta(v_1, \ldots, v_\rho) = \sum_{\nu_1, \ldots, \nu_\rho} e^{\sum_1^\rho \nu_\alpha (2v_\alpha + \nu_1 \tau_{\alpha 1} + \cdots + \nu_\rho \tau_{\alpha\rho}) \pi i}.$$

La sommation, indiquée par le signe $\sum\limits_{\nu_1, \ldots, \nu_\rho}$ doit être effectuée de manière que chacune des quantités $\nu_1, \ldots, \nu_\rho$ parcoure tous les nombres entiers positifs et négatifs de $-\infty$ à $+\infty$.

Les quantités $\tau_{\alpha\beta}$, ou les *modules* de la fonction $\vartheta(v_1, \ldots, v_\rho)$, sont définies par les équations

$$\tau_{\alpha\beta} = 2i\,(g_{1\alpha} K'_{1\beta} + \cdots + g_{\rho\alpha} K'_{\rho\beta}).$$

On a

$$\tau_{\alpha\beta} = \tau_{\beta\alpha}.$$

Cette fonction $\vartheta(v_1, \ldots, v_\rho)$ satisfait aux équations

$$\vartheta(v_1 + p_1, \ldots, v_\rho + p_\rho) = \vartheta(v_1, \ldots, v_\rho),$$
$$\vartheta(v_1 + \tau_{1\alpha}, \ldots, v_\rho + \tau_{\rho\alpha}) = \vartheta(v_1, \ldots, v_\rho)\, e^{-(2v_\alpha + \tau_{\alpha\alpha})\pi i}$$

dans lesquelles $p_1, \ldots, p_\rho$ désignent des nombres entiers quelconques. Réciproquement, toute fonction continue des variables qui satisfait à ces équations est égale à $\vartheta(v_1, \ldots, v_\rho)$ multipliée par une constante.

Posons, en désignant par $n_1, \ldots, n_\rho$ des *constantes quelconques*,

$$\tau_\alpha = n_1 \tau_{\alpha 1} + \cdots + n_\rho \tau_{\alpha\rho},$$
$$\vartheta(v_1, \ldots, v_\rho \mid n_1, \ldots, n_\rho) = \vartheta(v_1 + \tau_1, \ldots, v_\rho + \tau_\rho)\, e^{\sum_\alpha n_\alpha (2v_\alpha + \tau_\alpha)\pi i}.$$

Les quantités $n_1, \ldots, n_\rho$ s'appellent les *paramètres* de cette nouvelle fonction $\vartheta(v_1, \ldots, v_\rho)$, et si l'on pose

$$\tau'_\alpha = n'_1 \tau_{\alpha 1} + \cdots + n'_\rho \tau_{\alpha\rho}$$

($n'_1, \ldots, n'_\rho$ étant d'autres constantes), on a

$$\vartheta(v_1+\tau'_1, \ldots, v_\rho+\tau'_\rho \mid n_1, \ldots, n_\rho) = \vartheta(v_1, \ldots, v_\rho \mid n_1+n'_1, \ldots, n_\rho+n'_\rho)\, e^{-\sum \pi_\alpha (2v_\alpha+\tau'_\alpha)\pi i}$$

Si $n'_1, \ldots, n'_\rho, m_1, \ldots, m_\rho$ désignent des *nombres entiers*, on a

$$\vartheta(v_1, \ldots, v_\rho \mid n_1+n'_1, \ldots, n_\rho+n'_\rho) = \vartheta(v_1, \ldots, v_\rho \mid n_1, \ldots, n_\rho),$$

$$\vartheta(v_1+m_1, \ldots, v_\rho+m_\rho \mid n_1, \ldots, n_\rho) = \vartheta(v_1, \ldots, v_\rho \mid n_1, \ldots, n_\rho)\, e^{\sum_\alpha 2 m_\alpha n_\alpha \pi i},$$

$$\vartheta(v_1+\tau'_1, \ldots, v_\rho+\tau'_\rho \mid n_1, \ldots, n_\rho) = \vartheta(v_1, \ldots, v_\rho \mid n_1, \ldots, n_\rho)\, e^{-\sum n'_\alpha (2v_\alpha+\tau'_\alpha)\pi i}.$$

Posons de plus

$$\vartheta(v_1, \ldots, v_\rho)_\lambda = \vartheta(v_1+\tfrac{1}{2}m_1^\lambda, \ldots, v_\rho+\tfrac{1}{2}m_\rho^\lambda \mid \tfrac{1}{2}n_1^\lambda, \ldots, \tfrac{1}{2}n_\rho^\lambda),$$

où les nombres entiers $m_1^\lambda, \ldots, m_\rho^\lambda, n_1^\lambda, \ldots, n_\rho^\lambda$ sont définis par l'équation

$$\int_\infty^{u_\lambda} \frac{F_\alpha(x)\, dx}{\sqrt{R(x)}} = m_1^\lambda K_{\alpha 1} + \ldots + m_\rho^\lambda K_{\alpha\rho} + i\,(n_1^\lambda K'_{\alpha 1} + \ldots + n_\rho^\lambda K'_{\alpha\rho}),$$

et

$$\vartheta(v_1, \ldots, v_\rho)_{\lambda\mu} = \vartheta(v_1+\tfrac{1}{2}m_1^\nu, \ldots, v_\rho+\tfrac{1}{2}m_\rho^\nu \mid \tfrac{1}{2}n_1^\nu, \ldots, \tfrac{1}{2}n_\rho^\nu),$$

où les nombres entiers $m_1^\nu, \ldots, m_\rho^\nu, n_1^\nu, \ldots, n_\rho^\nu$ sont définies par les congruences

$$m_\alpha^\nu \equiv m_\alpha^\lambda + m_\alpha^\mu \pmod{2},$$
$$n_\alpha^\nu \equiv n_\alpha^\lambda + n_\alpha^\mu \pmod{2},$$

et, de plus, par la condition que chacun des nombres m_α doit être égal à $+1$ ou à 0, et chacun des nombres n_α à $+1$ ou à 0.

Cela posé, on obtient l'expression des fonctions rationnelles symétriques de ρ quantités $x_1, \ldots, x_\rho$ par les fonctions $\vartheta(v_1, \ldots, v_\rho)$ de la manière suivante :

Posons

$$\mathfrak{F}(x) = (x-x_1)\cdots(x-x_\rho)$$

et désignons par ε soit 1 soit -1, selon que A_0 est positif ou négatif. On a alors

$$\frac{\vartheta(v_1, \ldots, v_\rho)_{2\alpha}}{\vartheta(v_1, \ldots, v_\rho)} = \frac{\sqrt{\varepsilon^\rho (-1)^\alpha \varphi(a_{2\alpha})}}{\sqrt{R'(a_{2\alpha})}},$$

$$\frac{\vartheta(v_1, \ldots, v_\rho)_{2\alpha-1}}{\vartheta(v_1, \ldots, v_\rho)} = \frac{\sqrt{\varepsilon^\rho (-1)^{\alpha-1} \varphi(a_{2\alpha-1})}}{\sqrt{-R'(a_{2\alpha-1})}},$$

$$\frac{\vartheta(v_1, \ldots, v_\rho)\,\vartheta(v_1, \ldots, v_\rho)_{\lambda\mu}}{\vartheta(v_1, \ldots, v_\rho)_\lambda\,\vartheta(v_1, \ldots, v_\rho)_\mu} = A_0\sqrt{\frac{\pm(a_\lambda - a_\mu)}{A_0}} \sum_\alpha \frac{\sqrt{R(x_\alpha)}}{(x_\alpha - a_\lambda)(x_\alpha - a_\mu)\varphi'(x_\alpha)}.$$

Dans ce qui précède nous avons supposé que $a_0, \ldots, a_\rho$ sont des quantités réelles; M. Hennoch a montré, dans sa dissertation inaugurale, comment ces formules peuvent être étendues au cas où l'équation

$$R(x) = 0$$

a des racines imaginaires.

§ 7.

Pour pouvoir appliquer ces formules au cas qui nous occupe, il faut ranger les cinq quantités réelles k_1, k_2, e_1, e_2, e_3 par ordre de grandeur.

Plusieurs cas peuvent se présenter ici.

Je me contenterai d'effectuer tous les calculs pour le cas où l'on a entre les constantes d'intégration les inégalités suivantes

$$l_1 > k > c_0, \qquad l^2 < \frac{3l_1 - k}{2}.$$

Dans ce cas on s'assure facilement, en écrivant

$$4s^3 - g_2 s - g_3 = 4(s + l_1)\left(s - \frac{l_1 + \sqrt{k^2 - c_0^2}}{2}\right)\left(s - \frac{l_1 + \sqrt{k^2 - c_0^2}}{2}\right) - l_0^2,$$

que les cinq quantités e_1, e_2, e_3, k_1, k_2 satisfont aux inégalités suivantes

$$\frac{l_1+k}{2} > e_1 > e_2 > \frac{l_1-k}{2} > e_3.$$

Si l'on désigne par a_0, a_1, a_2, a_3, a_4 les cinq racines de l'équation

$$R(x) = -4(s-e_1)(s-e_2)(s-e_3)(s-k_1)(s-k_2) = 0$$

rangées par ordre de grandeur,

$$a_0 < a_1 < a_2 < a_3 < a_4,$$

il faut donc poser

$$k_1 = \frac{l_1+k}{2} = a_4, \qquad k_2 = \frac{l_1-k}{2} = a_1, \qquad e_1 = a_3, \qquad e_2 = a_2, \qquad e_3 = a_0.$$

Si l'on pose de plus

$$F_1(x) = x, \qquad F_2(x) = 1,$$

on a

$$u_1 = t + c,$$
$$u_2 = c_1,$$

c et c_1 étant deux constantes d'intégration.

En définissant les quantités $K_{\alpha\beta}, K'_{\alpha\beta}, v_1, v_2$ de la manière indiquée, v_1 et v_2 seront des fonctions entières et linéaires du temps.

Si l'on désigne par c_λ la valeur de $\vartheta(v_1, v_2)_\lambda$ pour $v_1 = 0$, $v_0 = 0$, et si l'on pose

$$C = (a_3 - a_1)^{\frac{3}{2}} \frac{c_{01} c_{03} c_{12} c_{23} c_{13} c_{34}}{c_0^2 c_2^2 c_4^2},$$

on a, dans ce cas,

$$a_4 = k_1 = \frac{l_1+k}{2}, \qquad a_3 = e_1, \qquad a_2 = e_2, \qquad a_1 = k_2 = \frac{l_1-k}{2}, \qquad a_0 = e_3,$$

$$\frac{e_1 - e_2}{k} = \frac{a_3 - a_2}{a_4 - a_1} = \frac{c_2^2 c_{03}^2 c_{34}^2}{c_4^2 c_{01}^2 c_{12}^2},$$

$$\frac{e_1 - e_3}{k} = \frac{a_3 - a_0}{a_4 - a_1} = \frac{c_0^2 c_{23}^2 c_{34}^2}{c_4^2 c_{01}^2 c_{12}^2},$$

$$\frac{e_2 - e_3}{k} = \frac{a_2 - a_0}{a_4 - a_1} = \frac{c_3^2 c_{14}^2 c_{34}^2}{c_1^2 c_{14}^2 c_{34}^2},$$

$$\frac{l_1 + e_1}{k} = \frac{a_3 + a_1 - a_0 - a_2}{a_3 - a_1} = \frac{c_5^2 c_{01}^2 c_{0}^2 + c_4^2 c_{12}^2 c_{1}^2}{c_4^2 c_{01}^2 c_{12}^2},$$

$$\frac{l_1 + e_2}{k} = \frac{a_3 + a_1 - a_2 - a_4}{a_3 - a_1} = \frac{c_5^2 c_{03}^2 c_{23}^2 + c_0^2 c_{12}^2 c_{1}^2}{c_4^2 c_{01}^2 c_{12}^2},$$

$$\frac{l_1 + e_3}{k} = \frac{a_3 + a_1 - a_4 - a_3}{a_3 - a_1} = \frac{c_5^2 c_{01}^2 c_{23}^2 - c_2^2 c_{01}^2 c_{1}^2}{c_4^2 c_{01}^2 c_{12}^2},$$

$$P_1 = -i \frac{C}{\sqrt{a_3 - a_1}} \frac{c_0 c_2 c_4}{c_{01} c_{12} c_{15}} \frac{\vartheta_{3}(v_1, v_2)}{\vartheta_5(v_1, v_2)},$$

$$P_2 = -i \frac{C}{\sqrt{a_3 - a_1}} \frac{c_5 c_2}{c_{12} c_{23}} \frac{\vartheta_2(v_1, v_2)}{\vartheta_5(v_1, v_2)},$$

$$P_3 = + \frac{C}{\sqrt{a_3 - a_1}} \frac{c_5 c_0}{c_{01} c_{04}} \frac{\vartheta_0(v_1, v_2)}{\vartheta_5(v_1, v_2)},$$

$$P_4 = - \frac{C}{\sqrt{a_3 - a_1}} \frac{c_5 c_1}{c_{14} c_{34}} \frac{\vartheta_3(v_1, v_2)}{\vartheta_5(v_1, v_2)},$$

$$P_5 = + \frac{C}{\sqrt{a_3 - a_1}} \frac{c_0 c_2 c_4}{c_{01} c_{23} c_{35}} \frac{\vartheta_1(v_1, v_2)}{\vartheta_5(v_1, v_2)},$$

$$P_{12} = + iC \frac{c_5}{c_{12}} \frac{\vartheta_{23}(v_1, v_2)}{\vartheta_5(v_1, v_2)},$$

$$P_{13} = - C \frac{c_5}{c_{01}} \frac{\vartheta_{03}(v_1, v_2)}{\vartheta_5(v_1, v_2)},$$

$$P_{14} = - C \frac{c_5}{c_{13}} \frac{\vartheta_{34}(v_1, v_2)}{\vartheta_5(v_1, v_2)},$$

$$P_{15} = - C \frac{\vartheta_{13}(v_1, v_2)}{\vartheta_5(v_1, v_2)},$$

$$P_{23} = + C \frac{c_5}{c_4} \frac{\vartheta_{02}(v_1, v_2)}{\vartheta_5(v_1, v_2)},$$

$$P_{24} = - C \frac{c_5}{c_0} \frac{\vartheta_{24}(v_1, v_2)}{\vartheta_5(v_1, v_2)},$$

$$P_{25} = + C \frac{c_5}{c_{23}} \frac{\vartheta_{12}(v_1, v_2)}{\vartheta_5(v_1, v_2)},$$

$$P_{34} = - iC \frac{c_5}{c_2} \frac{\vartheta_{04}(v_1, v_2)}{\vartheta_5(v_1, v_2)},$$

$$P_{35} = - iC \frac{c_5}{c_{03}} \frac{\vartheta_{01}(v_1, v_2)}{\vartheta_5(v_1, v_2)},$$

$$P_{45} = - iC \frac{c_5}{c_{34}} \frac{\vartheta_{14}(v_1, v_2)}{\vartheta_5(v_1, v_2)}.$$

§ 8.

Les six quantités $p, q, r, \gamma, \gamma', \gamma''$ une fois exprimées à l'aide de quotients

$$\frac{\vartheta_\alpha(ct+c', c_1t+c'_1)}{\vartheta(ct+c', c_1t+c'_1)},$$

il s'agit de trouver les expressions des six cosinus $\alpha, \alpha', \alpha'', \beta, \beta', \beta''$ en fonction du temps.

Ces quantités satisfont aux équations différentielles suivantes

$$\begin{aligned}
\frac{d\alpha}{dt} &= \alpha' r - \alpha'' q, & \frac{d\beta}{dt} &= \beta' r - \beta'' q,\\
\frac{d\alpha'}{dt} &= \alpha'' p - \alpha r, & \frac{d\beta'}{dt} &= \beta'' p - \beta r,\\
\frac{d\alpha''}{dt} &= \alpha q - \alpha' p, & \frac{d\beta''}{dt} &= \beta q - \beta' p,
\end{aligned}$$

d'où il suit

$$\frac{d(\alpha+\beta i)}{dt} = (\alpha' + \beta' i)\, r - (\alpha'' + \beta'' i)\, q.$$

En divisant par $(\alpha + \beta i)$ et en remarquant que

$$\begin{aligned}
(\alpha' + \beta' i)(\alpha - \beta i) &= \alpha\alpha' + \beta\beta' + i(\alpha\beta' - \alpha'\beta) = -\gamma\gamma' + i\gamma'',\\
(\alpha'' + \beta'' i)(\alpha - \beta i) &= \alpha\alpha'' + \beta\beta'' + i(\alpha\beta'' - \alpha''\beta) = -\gamma\gamma'' - i\gamma',\\
(\alpha + \beta i)(\alpha - \beta i) &= \alpha^2 + \beta^2 = 1 - \gamma^2,
\end{aligned}$$

on trouve

$$\begin{aligned}
\frac{d}{dt}\log(\alpha + \beta i) &= r\,\frac{-\gamma\gamma' + i\gamma''}{1-\gamma^2} + q\,\frac{\gamma\gamma'' + i\gamma'}{1-\gamma^2}\\
&= \frac{-\gamma\dfrac{d\gamma}{dt} + i(\gamma' q + \gamma'' r)}{1-\gamma^2}\\
&= \frac{1}{2}\left[\frac{\dfrac{d\gamma}{dt} - i(\gamma' q + \gamma'' r)}{\gamma+1} + \frac{\dfrac{d\gamma}{dt} + i(\gamma' q + \gamma'' r)}{\gamma-1}\right].
\end{aligned}$$

Et de la même manière on trouve

$$\frac{d}{dt}\log(\alpha'+\beta' i)=\frac{1}{2}\left[\frac{\frac{d\gamma'}{dt}-i(\gamma''r+\gamma p)}{\gamma'+1}+\frac{\frac{d\gamma'}{dt}+i(\gamma''r+\gamma p)}{\gamma'-1}\right],$$

$$\frac{d}{dt}\log(\alpha''+\beta'' i)=\frac{1}{2}\left[\frac{\frac{d\gamma''}{dt}-i(\gamma p+\gamma' q)}{\gamma''+1}+\frac{\frac{d\gamma''}{dt}+i(\gamma p+\gamma' q)}{\gamma''-1}\right].$$

En portant dans les seconds membres de ces équations les valeurs de $p, q, r, \gamma, \gamma', \gamma''$, exprimées en fonction du temps, on voit que, pour obtenir les valeurs de $\alpha, \beta, \alpha', \beta', \alpha'', \beta''$, il faut intégrer des fonctions rationnelles de quotients

$$\frac{\mathfrak{I}_\alpha(ct+c_1, c't+c'_1)}{\mathfrak{I}(ct+c_1, c't+c'_1)}.$$

On peut démontrer que chacune des six quantités $\alpha, \beta, \alpha', \beta', \alpha'', \beta''$ est une fonction uniforme du temps, n'ayant que des pôles pour toutes les valeurs finies de la variable. D'après un théorème bien connu de la théorie des fonctions, $f(t)$ est une fonction uniforme pouvant être représentée sous forme d'un quotient de deux séries procédant suivant les puissances positives de t et convergentes pour toutes les valeurs finies de t, si la condition suivante est remplie :

$\frac{d}{dt}\log f(t)$ peut être développé, dans le voisinage de chaque valeur finie $t=t_0$, en une série convergente de la forme

$$\frac{d}{dt}\log f(t)=m(t-t_0)^{-1}+\mathfrak{P}(t-t_0),$$

$\mathfrak{P}(t-t_0)$ désignant une série infinie, ne contenant que des termes à exposant positif, et m étant un nombre entier, positif ou négatif, ou bien zéro.

Or, tel est justement le cas pour les seconds membres des équations différentielles qui définissent $\log(\alpha+\beta i)$, etc., en fonction du temps.

Si l'on écrit dans ces seconds membres pour $p, q, r, \gamma, \gamma', \gamma''$ leurs valeurs en fonction du temps, et si, en supposant t voisin de t_0, on les développe en séries procédant suivant les puissances de $t - t_0$, on voit immédiatement que des termes à exposant négatif ne peuvent figurer dans ces développements que dans les deux cas suivants :

1° Si les développements de $p, q, r, \gamma, \gamma', \gamma''$ contiennent des puissances négatives de $t - t_0$;

2° Si pour $t = t_0$ l'une des quantités $\gamma, \gamma', \gamma''$ est égale à ± 1.

En ayant recours aux équations différentielles du paragraphe I et en écrivant τ au lieu de $t - t_0$, on voit que, dans le premier cas, les développements de $p, q, r, \gamma, \gamma', \gamma''$ doivent avoir la forme suivante :

$$\begin{aligned} p &= p_0\tau^{-1} + p_1 + p_2\tau + \cdots, \\ q &= q_0\tau^{-1} + q_1 + q_2\tau + \cdots, \\ r &= r_0\tau^{-1} + r_1 + r_2\tau + \cdots, \\ \gamma &= g_0\tau^{-2} + g_1\tau^{-1} + g_2 + \cdots, \\ \gamma' &= f_0\tau^{-2} + f_1\tau^{-1} + f_2 + \cdots, \\ \gamma'' &= h_0\tau^{-2} + h_1\tau^{-1} + h_2 + \cdots \end{aligned}$$

Les coefficients $p_0, q_0, r_0, g_0, f_0, h_0$ doivent satisfaire aux équations suivantes :

$$\begin{aligned} 2p_0 &= -q_0 r_0, \\ 2q_0 &= p_0 r_0 + c_0 h_0, \\ r_0 &= -c_0 f_0, \\ 2g_0 &= q_0 h_0 - r_0 f_0, \\ 2f_0 &= r_0 g_0 - p_0 h_0, \\ 2h_0 &= p_0 f_0 - q_0 g_0. \end{aligned}$$

Des trois dernières équations on conclut, en les multipliant respectivement par p_0, q_0, r_0 et en les ajoutant,

$$p_0 g_0 + q_0 f_0 + r_0 h_0 = 0.$$

Mais si l'on ajoute les trois premières équations, après avoir multiplié chacune d'elles respectivement par g_0, f_0, h_0, on trouve

$$2(p_0 g_0 + q_0 f_0) + r_0 h_0 - r_0(p_0 f_0 - q_0 g_0) = 2 r_0 h_0.$$

Il faut donc que l'on ait séparément

$$p_0 g_0 + q_0 f_0 = 0, \qquad r_0 h_0 = 0.$$

L'un des deux coefficients r_0 ou h_0 doit être égal à zéro, et l'on voit que l'on peut satisfaire aux six équations proposées de deux manières différentes :

(A).		(B).	
$r_0 = 0,$	$h_0 = \pm \frac{4i}{c_0},$	$q_0 = \pm i p_0,$	$f_0 = \pm i g_0 = \mp \frac{2i}{c_0},$
$q_0 = \pm 2i,$	$f_0 = 0,$	$r_0 = \pm 2i,$	$h_0 = 0.$
$p_0 = 0,$	$g_0 = -\frac{4}{c_0},$		

En portant ces développements dans le second membre de l'équation différentielle qui définit $\log(\alpha'' + \beta'' i)$

$$\frac{d}{dt}\log(\alpha'' + \beta'' i) = \frac{1}{2}\left[\frac{\frac{d\gamma''}{dt} - i(\gamma p + \gamma' q)}{\gamma'' - 1} + \frac{\frac{d\gamma''}{dt} + i(\gamma p + \gamma' q)}{\gamma'' + 1}\right],$$

on voit que l'on a dans le cas (A)

$$\frac{d}{dt}\log(\alpha'' + \beta'' i) = -2\tau^{-1} + \mathfrak{P}(\tau),$$

et dans le cas (B)

$$\frac{d}{dt}\log(\alpha'' + \beta'' i) = -\tau^{-1} + \mathfrak{P}(\tau).$$

Examinons maintenant le développement de $\frac{d}{dt}\log(\alpha'' + \beta'' i)$ dans le voisinage d'une valeur $t = t_0$ pour laquelle γ'' est égal à $+1$.

En général, si l'on pose

$$
\begin{aligned}
p &= p_0 + p_1 t + \cdots, \\
q &= q_0 + q_1 t + \cdots, \\
r &= r_0 + r_1 t + \cdots, \\
\gamma &= g_0 + g_1 t + \cdots, \\
\gamma' &= f_0 + f_1 t + \cdots, \\
\gamma'' &= h_0 + h_1 t + \cdots,
\end{aligned}
$$

les coefficients $p_1, q_1, r_1, g_1, f_1, h_1$ sont définis (en vertu des équations différentielles (1) du § I), en fonction de $p_0, q_0, r_0, g_0, f_0, h_0$, par les équations suivantes :

$$
\begin{aligned}
2p_1 &= q_0 r_0, \\
2q_1 &= -p_0 r_0 - c_0 h_0, \\
r_1 &= c_0 f_0, \\
g_1 &= r_0 f_0 - q_0 h_0, \\
f_1 &= p_0 h_0 - r_0 g_0, \\
h_1 &= q_0 g_0 - p_0 f_0.
\end{aligned}
$$

Les trois quantités $\gamma, \gamma', \gamma''$ sont liées entre elles par l'équation

$$\gamma^2 + \gamma'^2 + \gamma''^2 = 1.$$

Leurs valeurs initiales g_0, f_0, h_0 sont donc aussi assujetties à remplir la condition

$$g_0^2 + f_0^2 + h_0^2 = 1.$$

Désignons par ε_1 et par ε_2 deux quantités égales à ± 1. Si je pose $h_0 = \varepsilon_1$, il faut donc que l'on ait simultanément $f_0 = \varepsilon_2 i g_0$, et l'on trouve alors

$$
\begin{aligned}
h_1 &= -\varepsilon_2 i g_0 (p_0 + \varepsilon_2 i q_0), \\
p_0 g_0 + q_0 f_0 &= g_0 (p_0 + \varepsilon_2 i q_0) = \varepsilon_2 i h_1.
\end{aligned}
$$

Le développement du terme

$$\frac{1}{2}\,\frac{\frac{d\gamma''}{dt}+i(\varepsilon_1 p\gamma+q\gamma')}{\gamma''-\varepsilon_1},$$

qui seul peut contenir, dans ce cas, des puissances négatives de τ, a donc la forme

$$\frac{1-\varepsilon_1\varepsilon_2}{2}\tau^{-1}+\mathfrak{P}(\tau),$$

$\mathfrak{P}(\tau)$ ne contenant que des termes à exposant positif.

Si ε_1 et ε_2 ont le même signe, le coefficient de τ^{-1} est nul.

Si ε_1 et ε_2 ont des signes contraires, ce coefficient est égal à 1.

On voit donc que, dans tous les cas, le développement de $\frac{d}{dt}\log(\alpha''+\beta''i)$ a la forme

$$\frac{d}{dt}\log(\alpha''+\beta''i)=m(t-t_0)^{-1}+\mathfrak{P}(t-t_0),$$

m désignant un nombre entier ou zéro, d'où il résulte que $\alpha''+\beta''i$ est une fonction uniforme du temps, pouvant être mise sous forme d'un quotient de deux séries toujours convergentes.

On arrive au même résultat concernant $\alpha+\beta i$ et $\alpha'+\beta' i$.

Je me suis aussi assurée que ces quantités peuvent être exprimées en fonctions rationnelles de quantités de la forme

$$\frac{\vartheta_\alpha(u_1+v_1,u_2+v_2)}{\vartheta(u_1,u_2)}e^{u_3},$$

α étant l'indice de l'une des seize fonctions $\vartheta(u_1,u_2)$; u_1, u_2, u_3 désignant trois fonctions linéaires et entières de t; v_1, v_2 désignant des constantes imaginaires. Mais, à cause de la grande complication des calculs, je ne suis pas encore parvenue à développer ces formules dans leur forme finale.

§ 9.

Il peut être intéressant de réaliser mécaniquement un cas de rotation d'un corps solide autour d'un point fixe où toutes les conditions du cas que je viens d'étudier se trouvent remplies.

Dans les équations différentielles (1) du § 1, les constantes A, B, C désignent les trois moments d'inertie principaux du corps solide considéré relativement au point fixe.

Soient maintenant $\mathcal{A}$, $\mathcal{B}$, $\mathcal{C}$ les moments d'inertie principaux du même corps relativement à son centre de gravité. Désignons par x, y, z les coordonnées rectilignes d'un point de l'espace dans un système d'axes de coordonnées dont l'origine se trouve au centre de gravité et dont les directions coïncident avec celles des axes d'inertie principaux passant par ce point.

On a alors, en désignant par μ la densité du corps considéré au point dont les coordonnées sont x, y, z,

$$\mathcal{A} = \iiint \mu (y^2 + z^2)\, dx\, dy\, dz,$$

$$\mathcal{B} = \iiint \mu (z^2 + x^2)\, dx\, dy\, dz,$$

$$\mathcal{C} = \iiint \mu (x^2 + y^2)\, dx\, dy\, dz,$$

$$0 = \iiint \mu x\, dx\, dy\, dz,$$

$$0 = \iiint \mu y\, dx\, dy\, dz,$$

$$0 = \iiint \mu z\, dx\, dy\, dz,$$

$$0 = \iiint \mu yz\, dx\, dy\, dz,$$

$$0 = \iiint \mu zx\, dx\, dy\, dz,$$

$$0 = \iiint \mu xy\, dx\, dy\, dz,$$

toutes ces intégrales triples devant être étendues à tout l'intérieur du corps considéré.

Soient a, b, c les coordonnées d'un point quelconque O.

Désignons par ξ, η, ζ les coordonnées d'un point de l'espace relativement à des axes de coordonnées parallèles aux précédents, mais dont l'origine se trouve au point O :

$$\xi = x - a, \quad \eta = y - b, \quad \zeta = z - c.$$

Si le point M se trouve sur l'ellipsoïde d'inertie dont le centre est en O, ses coordonnées ξ, η, ζ satisfont, comme on sait, à l'équation

$$\varphi(\xi, \eta, \zeta) = \mathcal{A}_1 \xi^2 + \mathcal{B}_1 \eta^2 + \mathcal{C}_1 \zeta^2 - 2\mathcal{D}_1 \eta\zeta - 2\mathcal{E}_1 \zeta\xi - 2\mathcal{F}_1 \xi\eta = 1,$$

les coefficients $\mathcal{A}_1, \mathcal{B}_1, \mathcal{C}_1$, etc., étant définis par les équations

$$\mathcal{A}_1 = \iiint \mu(\eta^2 + \zeta^2)\, d\xi\, d\eta\, d\zeta = \mathcal{A} + \mathrm{M}(b^2 + c^2),$$

$$\mathcal{B}_1 = \iiint \mu(\zeta^2 + \xi^2)\, d\xi\, d\eta\, d\zeta = \mathcal{B} + \mathrm{M}(c^2 + a^2),$$

$$\mathcal{C}_1 = \iiint \mu(\xi^2 + \eta^2)\, d\xi\, d\eta\, d\zeta = \mathcal{C} + \mathrm{M}(a^2 + b^2),$$

$$\mathcal{D}_1 = \iiint \mu\, \eta\zeta\, d\xi\, d\eta\, d\zeta = \mathrm{M}bc,$$

$$\mathcal{E}_1 = \iiint \mu\, \zeta\xi\, d\xi\, d\eta\, d\zeta = \mathrm{M}ca,$$

$$\mathcal{F}_1 = \iiint \mu\, \xi\eta\, d\xi\, d\eta\, d\zeta = \mathrm{M}ab;$$

M désigne la masse totale du corps :

$$\mathrm{M} = \iiint \mu\, d\xi\, d\eta\, d\zeta.$$

Soient maintenant u, v, w les coordonnées d'un point de l'espace relativement à des axes de coordonnées dont l'origine est au point O, mais dont les directions coïncident avec celles des axes principaux de l'ellipsoïde d'inertie correspondant à ce point.

On a alors

$$u = \alpha\xi + \beta\eta + \gamma\zeta,$$
$$v = \alpha_1\xi + \beta_1\eta + \gamma_1\zeta,$$
$$w = \alpha_2\xi + \beta_2\eta + \gamma_2\zeta,$$
$$\xi^2 + \eta^2 + \zeta^2 = u^2 + v^2 + w^2,$$
$$\varphi(\xi, \eta, \zeta) = \lambda u^2 + \mu v^2 + \nu w^2,$$

λ, μ, ν étant des constantes positives.

En désignant par u_0, v_0, w_0 les coordonnées du centre de gravité dans ce nouveau système, on a

$$-u_0 = \alpha a + \beta b + \gamma c,$$
$$-v_0 = \alpha_1 a + \beta_1 b + \gamma_1 c,$$
$$-w_0 = \alpha_2 a + \beta_2 b + \gamma_2 c.$$

Si nous imprimons maintenant au corps considéré un mouvement de rotation autour du point fixe O, toutes les conditions du cas que je viens d'étudier seront remplies si l'on a

$$\lambda = \mu = 2\nu,$$
$$-w_0 = \alpha_2 a + \beta_2 b + \gamma_2 c = 0.$$

On doit donc pouvoir choisir le point O de manière à satisfaire aux équations suivantes :

$$\varphi(\xi, \eta, \zeta) = \nu\left[2(u^2 + v^2) + w^2\right],$$
$$\xi^2 + \eta^2 + \zeta^2 = u^2 + v^2 + w^2,$$
$$\alpha_2 a + \beta_2 b + \gamma_2 c = 0,$$
$$\alpha_2^2 + \beta_2^2 + \gamma_2^2 = 1.$$

Des deux premières de ces équations il résulte

$$\varphi(\xi, \eta, \zeta) - 2\nu(\xi^2 + \eta^2 + \zeta^2) = -\nu w^2.$$

IMPRIMERIE NATIONALE.

Cette équation devant se réduire à une identité, si l'on écrit dans le second membre pour w sa valeur

$$w = \alpha_2 \xi + \beta_2 \eta + \gamma_2 \zeta,$$

on obtient, en égalant les coefficients des termes correspondants dans chaque membre de cette identité, les équations suivantes :

$$\mathcal{A}_1 - 2\nu = \mathcal{A} + \mathrm{M}(b^2 + c^2) - 2\nu = -\nu\alpha_2^2,$$
$$\mathcal{B}_1 - 2\nu = \mathcal{B} + \mathrm{M}(c^2 + a^2) - 2\nu = -\nu\beta_2^2,$$
$$\mathcal{C}_1 - 2\nu = \mathcal{C} + \mathrm{M}(a^2 + b^2) - 2\nu = -\nu\gamma_2^2,$$
$$\mathcal{D}_1 = \mathrm{M}bc = \nu\beta_2\gamma_2,$$
$$\mathcal{E}_1 = \mathrm{M}ca = \nu\gamma_2\alpha_2,$$
$$\mathcal{F}_1 = \mathrm{M}ab = \nu\alpha_2\beta_2.$$

Si aucune des trois constantes a, b, c n'était nulle, il résulterait des trois dernières de ces équations

$$\mathrm{M}^3 a^2 b^2 c^2 = \nu^3 \alpha_2^2 \beta_2^2 \gamma_2^2,$$
$$\mathrm{M}^{\frac{1}{2}} a = \nu^{\frac{1}{2}} \alpha_2,$$
$$\mathrm{M}^{\frac{1}{2}} b = \nu^{\frac{1}{2}} \beta_2,$$
$$\mathrm{M}^{\frac{1}{2}} c = \nu^{\frac{1}{2}} \gamma_2,$$

équations auxquelles il est impossible de satisfaire, vu que l'on a

$$\alpha_2^2 + \beta_2^2 + \gamma_2^2 = 1,$$
$$a\alpha_2 + b\beta_2 + c\gamma_2 = 0,$$

et que ni M ni ν ne peuvent être nuls.

Si nous supposons $c=0$, mais a et b différents de 0, nous devons poser

$$\gamma_2=0,$$
$$Mab=\nu\alpha_2\beta_2,$$
$$\alpha_2^2+\beta_2^2=1,$$
$$a\alpha_2+b\beta_2=0;$$

d'où il suit

$$\alpha_2=\frac{b}{\sqrt{a^2+b^2}},\qquad \beta_2=\frac{-a}{\sqrt{a^2+b^2}}$$

(le signe de $\sqrt{a^2+b^2}$ étant fixé arbitrairement), et

$$M=-\frac{\nu}{a^2+b^2},$$

équation impossible, vu que M et ν sont tous les deux des quantités positives.

Il faut donc poser $b=0$, $c=0$. On a alors

$$\mathcal{A}_1=\mathcal{A},$$
$$\mathcal{B}_1=\mathcal{B}+Ma^2,$$
$$\mathcal{C}_1=\mathcal{C}+Ma^2,$$
$$\mathcal{D}_1=0,$$
$$\mathcal{E}_1=0,$$
$$\mathcal{F}_1=0,$$
$$\varphi(\xi,\eta,\zeta)=\mathcal{A}\xi^2+(\mathcal{B}+Ma^2)\eta^2+(\mathcal{C}+Ma^2)\zeta^2.$$

Si les trois axes d'inertie principaux $\mathcal{A}$, $\mathcal{B}$, $\mathcal{C}$, relatifs au centre de gravité du corps considéré, satisfont à l'équation

$$\mathcal{A}=2(\mathcal{B}-\mathcal{C}),$$

on pourra satisfaire à toutes les conditions supposées par nous en posant

$$a^2 = \frac{\mathcal{A} - \mathcal{B}}{M};$$

car on a dans ce cas

$$\mathcal{B} + Ma^2 = \mathcal{A},$$

$$\mathcal{C} + Ma^2 = \mathcal{C} + \mathcal{A} - \mathcal{B} = \frac{1}{2}\mathcal{A},$$

par conséquent

$$\varphi(\xi, \eta, \zeta) = \mathcal{A}\left(\xi^2 + \eta^2 + \frac{1}{2}\zeta^2\right).$$

Remarquons seulement que, pour que a soit réel (a^2 positif), il faut et il suffit que l'on ait

$$\mathcal{B} > 2\mathcal{C}.$$

On voit donc qu'il est possible de réaliser mécaniquement toutes les conditions du problème que je viens d'étudier.

Je me suis adressée à M. Schwarz, de Gœttingue, dont la sagacité pour imaginer des modèles ingénieux est bien connue, en le priant de me donner l'idée d'un modèle sur lequel on pourrait réaliser le cas en question de la rotation d'un corps solide autour d'un point fixe. M. Schwarz a eu la complaisance de me répondre immédiatement et m'a même proposé de me faire construire le modèle désiré par son mécanicien à Gœttingue; je n'ai pas eu l'occasion de profiter de cette proposition obligeante, mais je me permets de donner ici la traduction d'un extrait de sa lettre.

EXTRAIT D'UNE LETTRE DE M. SCHWARZ.

Soient R le rayon du cercle fondamental d'un cylindre orthogonal et 2H la hauteur de ce cylindre; son volume est par conséquent égal à $2\pi R^2 H$. Supposons ce volume rempli d'une masse homogène M.

Le moment d'inertie de ce cylindre par rapport à son axe est égal à $\frac{1}{2} MR^2$, et son moment d'inertie par rapport à une droite passant par son centre de gravité et perpendiculaire à l'axe du cylindre est égal à $M\left(\frac{1}{4}R^2 + \frac{1}{3}H^2\right)$.

Imaginons maintenant un corps composé de *deux* cylindres semblables, dont les axes sont parallèles et à la distance $2b$ l'un de l'autre, dont les cercles de base se trouvent dans le même plan et ont le même diamètre.

Soient $\mathcal{A}$ le moment d'inertie de ce corps par rapport à l'axe d'inertie principal perpendiculaire au plan passant par les axes des deux cylindres; $\mathcal{B}$ le moment d'inertie de ce corps relativement à l'axe d'inertie principal parallèle aux axes des deux cylindres; enfin $\mathcal{C}$ le troisième moment d'inertie principal de ce corps; on a alors les équations suivantes :

$$\mathcal{A} = 2M\left(\frac{1}{4}R^2 + \frac{1}{3}H^2 + b^2\right),$$

$$\mathcal{B} = 2M\left(\frac{1}{2}R^2 + b^2\right),$$

$$\mathcal{C} = 2M\left(\frac{1}{4}R^2 + \frac{1}{3}H^2\right).$$

La condition (nécessaire d'après le calcul précédent)

$$\mathcal{A} = 2(\mathcal{B} - \mathcal{C})$$

exige que l'on ait

$$b^2 = H^2 - \frac{1}{4} R^2.$$

Pour que les deux cylindres n'aient point de partie commune et ne se touchent pas, il faut que $b > R$; il faut donc que l'inégalité

$$H > R\sqrt{\frac{3}{4}}$$

soit vérifiée.

On trouve alors

$$a^2 = \frac{\mathcal{A} - \mathcal{B}}{M} = \frac{1}{3} H^2 - \frac{1}{4} R^2,$$

et l'on voit que a sera réel si la condition déjà trouvée

$$H > R\sqrt{\frac{3}{4}}$$

est remplie.

Si l'on désigne maintenant par A, B, C les trois moments d'inertie principaux relativement à un point de l'axe $\mathcal{A}$, qui se trouve à la distance a du centre de gravité du corps considéré, ces quantités sont déterminées par les équations

$$A = \mathcal{A} = \frac{8}{3} MH^2,$$

$$B = \mathcal{B} + 2Ma^2 = \frac{8}{3} MH^2,$$

$$C = \mathcal{C} + 2Ma^2 = \frac{4}{3} MH^2.$$

On a donc

$$A = B = 2C.$$

www.ingramcontent.com/pod-product-compliance
Ingram Content Group UK Ltd.
Pitfield, Milton Keynes, MK11 3LW, UK
UKHW022133260726
13993UKWH00003B/1420